FLORULA JUVENALIS,

OU

ÉNUMÉRATION DES PLANTES ÉTRANGÈRES

QUI CROISSENT NATURELLEMENT

AU PORT JUVÉNAL,

PRÈS DE MONTPELLIER,

PRÉCÉDÉE DE CONSIDÉRATIONS

SUR LES MIGRATIONS DES VÉGÉTAUX,

PAR D. A. GODRON,

Docteur en Médecine et ès Sciences,
Chevalier de la Légion d'honneur,
ancien Directeur de l'École de Médecine de Nancy,
Recteur à Besançon.

SECONDE ÉDITION.

NANCY,

GRIMBLOT ET VEUVE RAYBOIS, IMPRIMEURS-LIBRAIRES,
Place Stanislas, 7, et rue Saint-Dizier, 125.
1854.

S

FLORULA JUVENALIS.

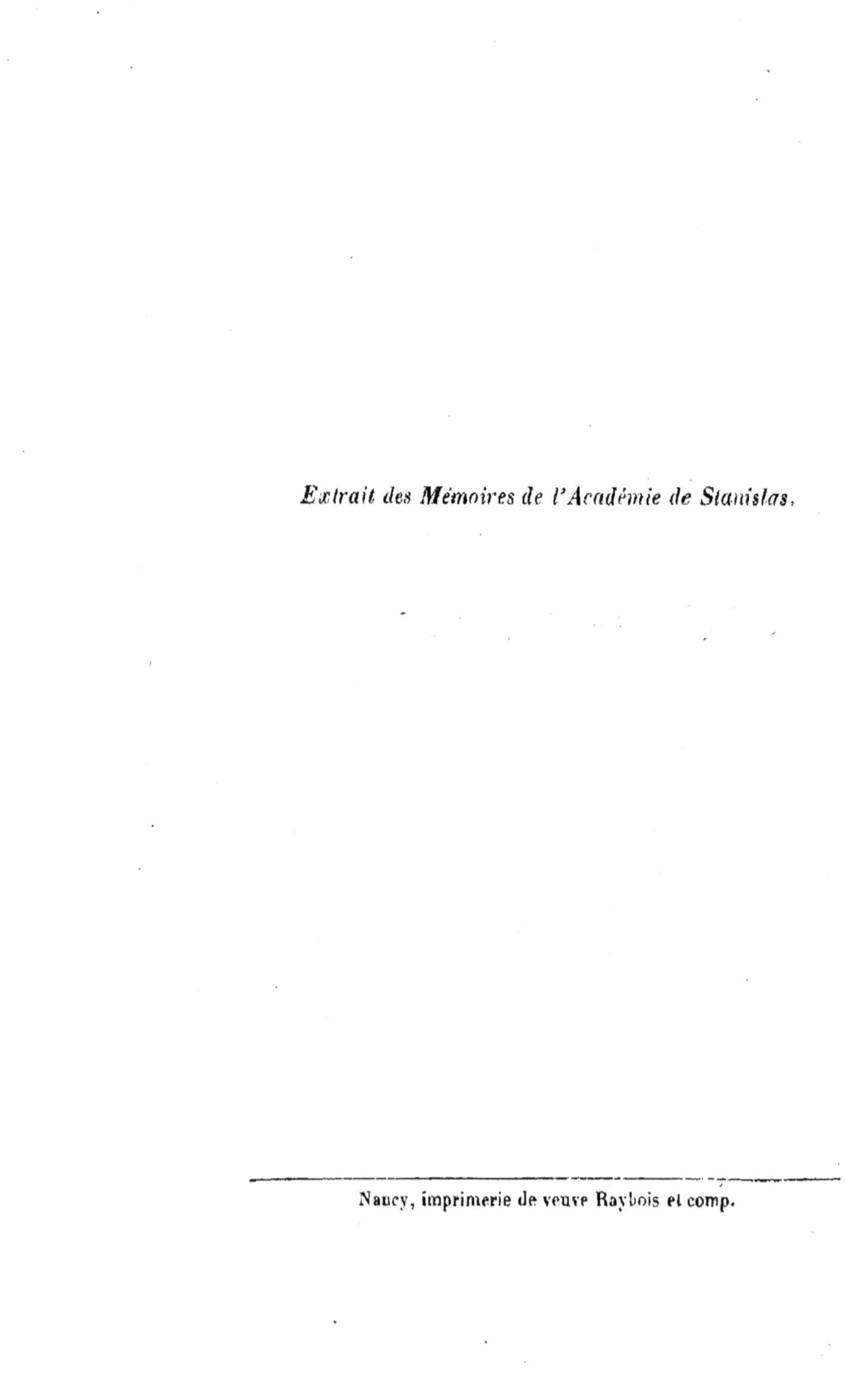

Extrait des Mémoires de l'Académie de Stanislas.

Nancy, imprimerie de veuve Raybois et comp.

FLORULA JUVENALIS,

ou

ÉNUMÉRATION DES PLANTES ÉTRANGÈRES

QUI CROISSENT NATURELLEMENT

AU PORT JUVÉNAL,

PRÈS DE MONTPELLIER,

PRÉCÉDÉE DE CONSIDÉRATIONS

SUR LES MIGRATIONS DES VÉGÉTAUX,

PAR D. A. GODRON,

Docteur en Médecine et ès Sciences,
Chevalier de la Légion d'honneur,
Ancien Directeur de l'École de Médecine de Nancy,
Recteur à Besançon.

SECONDE ÉDITION.

NANCY,

GRIMBLOT ET VEUVE RAYBOIS, IMPRIMEURS-LIBRAIRES,
Place Stanislas, 7, et rue Saint-Dizier, 125.

1854.

INTRODUCTION.

CONSIDÉRATIONS SUR LES MIGRATIONS DES VÉGÉTAUX, ET SPÉCIALEMENT DE CEUX QUI, ÉTRANGERS AU SOL DE LA FRANCE, Y ONT ÉTÉ INTRODUITS ACCIDENTELLEMENT.

Lorsqu'on étudie la végétation actuelle de l'un des points de notre globe, de la France, par exemple, et que l'on compare les plantes qui fleurissent sous nos yeux aux restes des végétaux qui ont été enfouis dans le même sol pendant la durée des temps géologiques, l'esprit de l'observateur reste frappé d'étonnement à la vue de ces débris fossiles d'une végétation tropicale, à laquelle ont succédé les plantes des climats tempérés qui peuplent aujourd'hui nos contrées. On s'explique bien la disparition des premières par les changements survenus dans les conditions physiques nécessaires à la vie des différentes espèces végétales, pendant les révolutions qui, à plusieurs reprises, ont profondément modifié la surface de notre planète. Ces Palmiers de formes si variées, ces Cicas, ces Araucarias, ces Calamites, ces Prèles gigantesques, ces Fougères arborescentes, et tant d'autres végétaux remarquables qui appartiennent à des genres perdus ou qui n'ont plus d'analogues que dans les régions les plus chaudes du globe, ont cessé d'exister dans les lieux que nous habitons, et dont la température était devenue, sans aucun doute, incompatible avec la vie de ces végétaux. Mais il n'est pas aussi facile de comprendre comment, à cette végétation luxuriante des premiers âges du monde, ont succédé dans nos climats les plantes que nous y observons aujourd'hui. Celles-ci ne seraient-elles que le résultat des modifications successives que les végétaux primitifs de nos contrées ont éprouvées sous l'influence des agents physiques? ou bien, ces végétaux seraient-ils les descendants non modifiés des plantes de même espèce qui vivaient pendant les temps géologiques, et ont-ils été transportés sur notre sol devenu veuf de leurs prédécesseurs? Nous ne pouvons nous ranger à la première opinion : nous ne croyons pas aux transformations d'espèces, et, dans un travail publié il y a quelques années (1), nous avons cherché à démontrer que les espèces végétales sauvages, de même que les espèces animales, placées dans des climats nouveaux, périssent plutôt que de se modifier ;

____

(1) Godron, *De l'espèce et des races dans les êtres organisés* (*Mémoires de l'Académie de Nancy*, 1848 et 1849).

(7)

l'étude des migrations des végétaux qui s'opèrent de nos jours, et les essais d'acclimatation exécutés dans différentes contrées de la terre, viendraient au besoin pleinement confirmer cette manière de voir.

Nous devons croire dès lors que, si, aux différentes époques géologiques, la végétation de chacune des régions de la surface terrestre a plusieurs fois changé, comme il n'est pas possible d'en douter, cela n'a pu avoir lieu que par la destruction des espèces anciennes, et par le transport des graines de plantes qui jusqu'alors avaient vécu sous des latitudes plus ou moins éloignées. Les migrations anciennes des végétaux sont donc étroitement liées aux phénomènes géologiques, et nous devons attendre l'explication de ces migrations anciennes, si jamais la science la fournit, des efforts combinés de la Géologie et de la Géographie botanique. Or, ces deux sciences, nées pour ainsi dire d'hier, malgré les progrès rapides qu'elles font journellement, sont loin de nous permettre encore de déterminer les stations successives qu'ont dû occuper sur notre globe les différentes espèces végétales que nous y observons aujourd'hui.

L'étude des migrations qui ont lieu de nos jours parmi les végétaux, nous semble de nature à jeter, dans l'avenir, quelque jour sur cette question si importante de la philosophie des sciences naturelles. La connaissance des procédés que la nature emploie sous nos yeux pour étendre à de nouvelles contrées les végétaux jusqu'alors étrangers, peut nous mettre sur la voie pour découvrir

quelques-uns des agents qui, aux époques antédilu-
viennes, ont dû concourir au transport des graines d'une
contrée dans une autre.

Non seulement l'étude des migrations actuelles peut
nous éclairer sur celles qui se sont opérées avant les
temps historiques, et jeter quelque lumière sur l'histoire
naturelle de notre planète; mais elle contribuera nécessairement à compléter nos connaissances en géographie
botanique, et rectifiera peut-être quelques-unes des
idées émises sur cette belle science. Elle offre aussi un
but pratique, en nous éclairant sur les limites dans lesquelles la naturalisation des végétaux sauvages est possible sous de nouveaux climats.

La science est loin d'offrir un assez grand nombre de
matériaux, pour qu'il soit possible d'étudier dès aujour-
d'hui, d'une manière complète, la question des migrations actuelles des plantes; car c'est à peine si la végétation de quelques points circonscrits de notre globe a
été étudiée sous ce rapport. Nous nous bornerons dans
cette introduction, d'une part, à rappeler succinctement
les faits généraux connus; et, de l'autre, l'étude de la végétation de la France, à laquelle nous nous livrons avec
amour depuis longues années, nous permettra de signaler tous les exemples d'importations accidentelles de
plantes étrangères que nous avons observées sur le sol
de notre patrie, et les causes auxquelles on doit en attribuer le transport.

Ces causes sont de trois genres, savoir : 1º les agents

physiques, tels que les vents, les trombes, les eaux de la mer, les rivières et leurs inondations ; 2° les animaux ; 3° l'homme, qui, même à son insu, comme nous le verrons, est devenu la cause la plus active des migrations contemporaines.

Nous allons étudier l'action de chacune de ces causes, et rechercher quelles sont les plantes étrangères au sol de la France qu'elles ont pu y introduire.

1° *Les agents physiques.* — Si l'action des vents n'est pas assez puissante pour faire franchir aux graines de certains végétaux des distances considérables, des mers ou des déserts arides d'une grande étendue, il ne nous semble pas impossible qu'elle puisse en transporter au-delà d'un bras de mer ; ce qui expliquerait l'analogie qui existe toujours dans la végétation des deux rivages opposés d'un même détroit. Mais aucun fait, bien observé, n'est venu jusqu'ici démontrer d'une manière rigoureuse l'existence d'un semblable transport. Il est, du reste, une autre explication qui peut rendre raison de ce fait d'une manière plus rationnelle : les deux rives d'un même détroit sont toujours formées par des couches géologiques correspondantes, qui, évidemment, ont été continues dans l'origine, et ont été depuis séparées par une fracture. Il est permis, dès-lors, de supposer que, si la végétation est identique sur chaque bord d'un même détroit, c'est que cette végétation y était déjà établie avant l'interruption qui s'est produite dans les couches géologiques ; et cette considération tend même à démontrer que la dispersion des végétaux actuels remonte à une époque antérieure aux dernières commotions qu'a subies notre planète.

Mais, s'il n'est pas prouvé que les graines des végétaux puissent être transportées par les vents au-delà d'un bras de mer, il n'en est pas de même sur les continents; les vents ont pu y propager, par un transport successif, à des distances considérables, certains végétaux dont l'origine est bien connue. Il en est plusieurs qui, étrangers au sol de la France et même à l'Europe, se sont néanmoins propagés chez nous. Tels sont : l'*Erigeron canadense* L.; les *Aster brumalis Nees, Novi-Belgii L., salignus Willd., dumosus Nees* et *rubricaulis Lam.;* le *Galatella hyssopifolia Nees;* les *Solidago glabra Desf., canadensis* L. et *lithospermifolia Willd.;* les *OEnothera biennis* L., *muricata* L. et *suaveoleus Desf.;* le *Stenactis annua Nees,* plantes d'Amérique, que les anciens botanistes n'ont pas recueillies en Europe, et qui n'y ont paru que depuis la découverte du Nouveau-Monde. Leurs graines, sans aucun doute, ont été importées par l'homme ; mais, à peine ces végétaux avaient-ils pris racine sur un des points de notre continent, qu'ils se sont bientôt répandus au loin, et formaient déjà, du temps de Linné, de nombreuses colonies en Europe, pour me servir de l'expression du célèbre botaniste suédois (1).

____

(1) Linné a publié, en 1768, une dissertation sur le sujet qui nous occupe, sous le titre de *Coloniæ plantarum.*

Il est à remarquer qu'aucune de ces plantes ne s'est introduite dans les îles de la Méditerranée ; et l'assertion de Linné (1) paraît inexacte, quand il affirme que c'est des jardins de la Sicile que l'*Erigeron canadense* s'est échappé, pour se répandre dans une moitié de l'ancien continent ; car cette plante n'existe pas en Sicile.

La propagation rapide de plusieurs de ces plantes peut, au premier abord, être considérée comme un fait assez extraordinaire ; mais il s'explique très-facilement, si l'on considère que tous les végétaux dont il est ici question, ont leurs graines munies d'une aigrette qui donne prise au vent. Il n'est pas possible de douter que tel ne soit l'agent de leur dispersion.

Si même une chose doit étonner, c'est que le sol de nos contrées ne soit pas couvert d'une foule d'autres végétaux étrangers, dont les graines aigrettées peuvent être soulevées par les vents. Mais, pour qu'un végétal s'acclimate dans un pays nouveau, il faut qu'il y trouve des conditions favorables à sa végétation et à sa reproduction ; il faut qu'il rencontre un sol approprié à ses besoins, et qu'il soit soumis, du moins le plus souvent, à des influences climatériques analogues à celles du pays où il croît spontanément. On comprend très-bien que les plantes ci-dessus indiquées aient pu se perpétuer chez nous avec facilité, puisqu'elles sont presque toutes

---

(1) Linné, *Sp. plant.* 492 et *Amœn. acad.* 8, *pag. 9.*

originaires de la Virginie et du Canada, dont le climat est analogue à celui de l'Europe tempérée.

Il est du reste beaucoup de plantes indigènes dont les graines sont pourvues d'aigrettes ou d'ailes membraneuses, et qui cependant, malgré leur dissémination, ne se propagent pas en dehors de certaines régions que la nature semble avoir rigoureusement déterminées, et où ces végétaux sont, pour ainsi dire, parqués. Telles sont, par exemple, un certain nombre de plantes alpines qui, dans nos climats, ne descendent jamais dans la plaine, où elles ne trouveraient plus les mêmes conditions d'existence.

Nous n'avons étudié jusqu'ici l'influence des vents que sur les migrations des plantes phanérogames ; mais cet agent n'aurait-il pas une action plus puissante sur les organes propagateurs des plantes cryptogames ? Les spores et même les thèques de ces végétaux, par leur extrême ténuité et leur légéreté, semblent présenter les conditions les plus favorables à leur translation à des distances plus ou moins grandes. Cette action ne nous semble pas douteuse, et nous observons chaque jour des faits qui démontrent ce mode de transport. C'est ainsi qu'on voit souvent le développement rapide d'une foule de cryptogames dans les lieux où elles n'existaient pas primitivement, mais dont les conditions physiques viennent d'être modifiées par l'homme. La plantation d'un parc, par exemple, sur un sol cultivé de temps immémorial, y amène bientôt des Champignons, des Mousses, des Hépatiques, des Lichens, qui ne se rencontrent souvent dans le pays que dans des forêts plus ou moins éloignées.

Quelques naturalistes ont pensé que ces spores pouvaient bien franchir l'Atlantique et nous arriver d'Amérique pour se développer sur nos rivages. Ils se sont appuyés sur la prédominance des vents d'ouest sur nos côtes occidentales, et ont cité, comme exemple de ce mode de migration, le *Sticta aurata* de Delise et l'*Evernia flavicans* de Swartz, plantes américaines qui se retrouvent sur quelques points des côtes d'Angleterre, de France, d'Espagne, et dont l'une d'elles a été observée également aux Açores, à Sainte-Hélène et au cap de Bonne-Espérance. Ces plantes présentent en effet, par leurs stations, les caractères des plantes introduites, et en Europe elles ne fructifient pas. Il nous paraît cependant difficile d'admettre que les spores de ces deux lichens ont pu être transportées par-dessus l'Océan par les mouvements de l'atmosphère ; car, s'il en était ainsi, nous aurions à constater bien d'autres exemples d'un semblable transport, et selon toute apparence la flore cryptogamique américaine se serait confondue depuis longtemps avec celle de nos contrées. L'introduction en Europe des deux lichens dont nous parlons, nous semble être vraisemblablement le résultat de l'importation accidentelle par l'homme.

Nous ne pouvons toutefois passer sous silence la propagation si rapide et si étendue de l'*Oïdium Tuckeri* pendant ces dernières années. Observée pour la première fois, en 1845, à Margate, en Angleterre, dans des cultures forcées de vignes, cette Mucédinée se répandit bientôt dans tous les établissements anglais de même genre. Elle franchit le détroit, et, dès 1847, elle s'était installée dans les environs de Paris. Aujourd'hui, elle s'est étendue comme un véritable fléau sur tous les vignobles de la France ; elle a envahi l'Italie, la Hongrie, l'Algérie, Madère ; on la signale déjà en Syrie et dans l'Asie-Mineure. Cette plante constitue, peut-être, l'exemple de la propagation la plus rapide d'une cryptogame à de grandes distances. Mais deux circonstances ont favorisé ce développement prodigieux : ses spores, comme celles des champignons les plus simples, sont d'une ténuité extrême, et peuvent être facilement soulevées par les vents. D'autre part, les champignons ne se développent sur les végétaux vivants que dans des conditions spéciales, et seulement lorsque ceux-ci sont à l'état de maladie, ou sous l'influence d'une constitution médicale particulière. Evidemment, cette dernière condition a existé ici ; mais, sans nous arrêter sur cette question de nosologie végétale, il n'en reste pas moins établi, par les faits qui précédent, que les spores de l'*Oïdium* ont été transportées par les vents successivement à des distances assez grandes, et qu'elles ont pu même franchir des mers, il est vrai, peu étendues.

L'action du vent s'exagère quelquefois au milieu des tempêtes par la production des trombes, dont on connaît la violence par les désastres qu'elles occasionnent. Il n'est pas douteux qu'elles ne transportent souvent à des distances assez grandes des objets de nature diverse, quelquefois même de petits animaux, tels que de jeunes batraciens, entraînant avec eux l'eau du marais qu'ils habitent. Les auteurs assurent qu'elles ont quelquefois enlevé du sol des graines de végétaux pour les répandre dans des lieux plus ou moins éloignés. Ainsi, M. de Mirbel (1) affirme que ces tourbillons couvrent quelquefois les campagnes maritimes du midi de l'Espagne de graines originaires des côtes d'Afrique. Il ne m'a pas été donné d'observer moi-même des faits de ce genre ; mais tout ce que l'on sait du pouvoir de translation de ce météore ne permet pas de douter qu'il ne doive en être ainsi. Les trombes nous paraissent être le seul agent naturel connu, par lequel on puisse expliquer comment les plantes aquatiques ont pu se propager d'un bassin dans un autre, à travers les obstacles que les chaines de montagnes opposent à la dispersion de ces végétaux. Il en est quelques-uns qui, en Europe, n'occupent que quelques points très-éloignés les uns des autres ; tel est, par exemple, le *Nuphar pumila DC.*, qui jusqu'ici n'a été rencontré que dans les lacs de l'Écosse, de l'Auvergne et dans ceux des Vosges et du Schwartzwald. Il n'est pas vraisemblable cependant que les trombes, ou tout autre

---

(1) De Mirbel, *Élém. de bot.*, I, *pag.* 549.

agent, aient pu faire franchir directement aux graines de
cette espèce l'intervalle qui sépare ces différents points,
sans stations intermédiaires. Mais on sait qu'un grand
nombre de lacs, existant encore au commencement de
la période géologique actuelle, ont disparu, soient qu'ils
aient été comblés par les alluvions des riviéres ou des
torrents, ou par la formation de la tourbe ; soit qu'ils
aient été desséchés par l'industrie de l'homme. Aussi, ce
qui de nos jours ne serait plus possible, a dû l'être à
des époques antérieures.

Nous concluons de tous ces faits, que le vent a, comme
agent de transport des végétaux d'une contrée dans une
autre, une action positive ; que, s'il n'est pas démontré
qu'il puisse opérer brusquement de semblables trans-
lations à de grandes distances, il a pu cependant, de
proche en proche, répandre au loin un certain nombre
de végétaux. On comprend également, que, pendant
les temps géologiques, il ait transporté des végétaux
sur des portions de terrains alors unies aux continents
et qui depuis sont devenues des îles.

Les eaux de la mer transportent souvent des fruits et
des graines de végétaux, et ce fait est depuis longtemps
connu. Chacun sait que ces fruits nautiques indiquent
aux navigateurs les terres situées sous le vent, et que
c'est à cet indice que Christophe Colomb reconnut le
voisinage du continent de l'Amérique. Ray indique un
certain nombre de végétaux dont les graines ont été
ainsi entraînées et déposées sur des rives plus ou moins

éloignées de leur point de départ. Linné (1) nous apprend que de son temps on avait positivement constaté que la mer jette sur les côtes de la Norwège des fruits et des graines de plantes américaines, parmi lesquelles il signale le *Cassia fistula L.*, l'*Anacardium occidentale L.*, le *Mimosa scandens L.*, et le *Cocos nucifera L.* On sait parfaitement aujourd'hui que ce transport est opéré par le grand courant des Florides, le Gulf-Stream, qui, du golfe du Mexique, vient battre les Hébrides, les côtes de l'Islande, de la Norwège et du Spitzberg, et que de nos jours encore il continue à déposer sur ces rivages des graines de plantes du Nouveau-Monde. On comprend parfaitement que ces plantes ne se propagent pas sous le climat inhospitalier de la Norwège, puisqu'elles ne pourraient même vivre en pleine terre sur aucun des points de l'Europe méridionale. On se demande toutefois si les eaux de la mer n'ont pas, dans ce long trajet, fait perdre à ces graines leur faculté germinative. Si nous en croyons Linné, cet observateur si exact, des graines américaines, recueillies sur les rivages de la Norwège, ont germé et ces plantes se sont développées (2). Du reste, il est facile de voir, chaque année, dans les marais salants de l'intérieur des terres et dans ceux qui bordent nos côtes, un certain nombre

---

(1) Linné, *Amœn. acad.*, VIII, pag. 5.
(2) Linné, *Amœn. acad.*, VIII, pag. 5.

non-seulement de plantes maritimes, mais aussi plusieurs autres plantes, telles que certains *Atriplex* et surtout des Graminées, se reproduire et se développer parfaitement dans ces marais où leurs graines se trouvent pendant tout un hiver plongées dans l'eau salée.

Aussi, lorsque ces graines étrangères abordent dans des climats propices à leur développement, rien ne doit s'opposer à ce qu'un certain nombre d'entre elles puissent s'y naturaliser. C'est vraisemblement ainsi que se sont introduites, sur les côtes occidentales d'Afrique, un certain nombre de plantes des parties chaudes du Nouveau-Monde, par le transport de leurs graines, opéré par le courant qui, du golfe du Mexique, porte sur les Açores, les Canaries et le golfe de Guinée.

On sait aussi qu'un courant régulier transporte aux Maldives et même sur la côte de Malabar, c'est-à-dire, à plus de quatre cents lieues de leur point de départ, les fruits du *Laodicea* ou Cocos des Maldives, observés pour la première fois en pleine mer par Labillardiére, mais dont on ignorait alors l'origine. La Bourdonnaie, en 1743, a découvert l'arbre qui les produit à l'île Praslin, l'une des Séchelles.

Comment du reste expliquer, autrement que par ce mode de transport, l'origine de la végétation des îles madréporiques de la Polynésie, qui se forment encore de nos jours, et qui se couvrent bientôt des mêmes plantes qui ombragent les îles voisines, dont l'existence est plus ancienne ?

Mais nous ne connaissons en France aucune plante étrangère qui, de nos jours, s'y soit acclimatée, et dont on puisse positivement attribuer l'introduction sur notre sol à la cause que nous venons de signaler.

Les rivières et les torrents entrainent souvent loin de leur source les graines des végétaux et les déposent sur leurs rives, où quelquefois elles végètent abondamment et sans s'étendre dans l'intérieur des terres. C'est ainsi que le *Scrophularia canina L.*, plante des vallées des montagnes, descend le long des cours d'eau ; on peut le suivre le long du Rhin, du Rhône, de la Loire et de l'Allier. Le *Linaria alpina Desf.*, le *Campanula pusilla Hœnck*, le *Thalictrum aquilegifolium L.*, plantes essentiellement alpines, se rencontrent dans les iles du Rhin jusqu'à Strasbourg, et ne peuvent évidemment provenir que des Hautes-Alpes, de la Suisse ou de la chaîne du Jura ; il en est de même des *Salix nigricans Fries, Salix daphnoïdes Vill.* et *Salix incana Schranck*, du *Myricaria germanica, Desv. Le Linaria alpina* existe aussi dans les iles du Rhône, près de Lyon. Le *Pinguicula vulgaris L.*, autre plante alpine, a été rencontrée dans la plaine d'Alsace, près de Benfeld, par MM. Billot et Nicklès, et ses graines y ont été certainement apportées des escarpements des Hautes-Vosges et notamment de ceux du Hohneck et du Rotabac, situés à près de quinze lieues.

Je ne puis me dispenser de signaler aussi la naturalisation et la propagation rapide d'une plante d'Amérique qui, échappée des jardins où on la cultive, a envahi les prairies de plusieurs vallées du revers oriental des Vosges, et s'y étend de plus en plus chaque année, au moyen des canaux d'irrigation; je veux parler du *Mimulus luteus L.* Cette Scrophularinée occupe aujourd'hui toutes les prairies de la vallée de la Bruche, depuis Framont jusqu'à Molsheim, c'est-à-dire, dans une étendue de cinq à six lieues. Elle se voit aussi dans la vallée de Wasserbourg, où elle s'est propagée le long des ruisseaux jusqu'à une demi-lieue des jardins où elle fut primitivement transportée.

2° *Les animaux.* — Les Mammifères et principalement les Herbivores pourvus d'une fourrure longue et épaisse, retiennent souvent et transportent avec eux les graines des végétaux dont ils font leur pâture, ou bien au milieu desquelles ils passent. Ce sont principalement les fruits hérissés d'épines et les graines munies d'aspérités qui s'accrochent aux poils des animaux (fait dont nous donnerons plus loin une preuve évidente), et sont transportés par eux dans des localités nouvelles. Ce mode de translation des plantes ne doit avoir d'effet qu'à des distances restreintes, lorsqu'il s'agit des mammifères sauvages, qui, en général, s'écartent peu des lieux qui les ont vus naître. Mais il n'en est pas ainsi de certains animaux domestiques, des moutons, par exemple, que les peuples nomades mènent en troupes avec eux dans leurs pérégrinations lointaines. Ceux-ci ont dû, de temps immémorial, laisser des traces de leur passage, en ajoutant quelques espèces végétales nouvelles à celles des lieux qu'ils ont parcourus.

L'importation de ces animaux vivants, qui se fait depuis quelques années d'Algérie en France, amènera vraisemblablement chez nous quelques représentants de la Flore Atlantique.

On sait aussi que les oiseaux transportent les graines de certains végétaux, et principalement ceux dont les fruits bacciformes leur servent de nourriture. C'est un fait connu que beaucoup de graines résistent à l'action des organes digestifs, protégées qu'elles sont par leur épisperme contre les atteintes du suc gastrique. Mais, comme la digestion chez les oiseaux paraît être généralement assez rapide, ce n'est guère qu'à de faibles distances qu'ils peuvent disséminer ces graines. C'est de cette manière que les grives propagent le Guy ; elles sont très-avides de son fruit. Nous pensons aussi que ce sont les oiseaux qui ont répandu dans tout le pays basque le *Solanum pseudocapsicum L.*, ainsi que le *Phytolacca decandra L.*, qui aujourd'hui est devenu très-commun dans les vallées des Pyrénées-Occidentales. Nous pouvons citer également l'*Asparagus officinalis L.*, disséminé par les oiseaux dans les bois de la Lorraine, où cette plante se rencontre assez fréquemment.

Il est possible aussi que les oiseaux, dans leurs migrations annuelles, et surtout les oiseaux granivores, transportent à des distances plus considérables, et même au-delà de mers peu étendues, les graines dont ils font

leur nourriture, et que ces graines, encore contenues
dans leur jabot, puissent germer, si l'un de ces volatiles,
à son arrivée sur un nouveau rivage, devient victime
d'un accident ou succombe aux fatigues de la route. Ces
oiseaux voyageurs s'abattent quelquefois sur les navires
en pleine mer, et **P.** Bélon rapporte que, dans le trajet
de Rhodes à Alexandrie, il observa des cailles dans le
jabot desquelles il trouva des grains de blé encore en-
tiers, ce qui prouve, ajoute-t-il, « qu'elles n'arrestent
guére à passer la mer (1). »

5° *L'Homme.* — **L'homme,** nous l'avons déjà dit et
nous allons le démontrer, est certainement l'agent le
plus actif des migrations des végétaux, et surtout de
celles qui s'opérent à de grandes distances. Aujourd'hui
qu'une activité commerciale plus grande qu'on ne l'avait
jamais vue, régne chez presque tous les peuples, et que
les relations deviennent fréquentes entre les pays les
plus éloignés, on doit s'attendre à constater de nouveaux
exemples de plantes qui, importées accidentellement
dans des contrées lointaines, y ont bientôt pris droit de
bourgeoisie. Il en est même déjà un certain nombre,
inséparables, pour ainsi dire, de l'Européen et s'atta-
chant à ses pas, qui ont pénétré avec lui dans toutes les
contrées du globe où il a mis le pied, et y végétent avec

---

(1) P. Bélon, *Histoire de la nature des oiseaux ;* in-folio, 1555,
p. 264.

(25)

la même vigueur que dans leur patrie originelle. C'est
ainsi qu'on rencontre aujourd'hui, on peut presque dire
dans le monde entier, des plantes européennes, telles
que l'*Urtica dioïca L.*, le *Marrubium vulgare L.*, l'*Alsine media L.*, le *Senecio vulgaris L.*, le *Poa annua
L.*, etc. Ces plantes, véritablement cosmopolites, semblent, comme l'homme, affronter tous les climats.

Il n'est pas nécessaire, au reste, de parcourir des contrées lointaines pour reconnaître ces effets de la présence
de l'homme, même dans les lieux où il n'a établi que
momentanément son domicile. Il suffit de parcourir les
hautes chaines de montagnes qui sillonnent la France,
pour constater, comme Ramond (1), le premier, l'a fait
dans les Pyrénées (et nous avons pu également le véri-
fier dans les Vosges, le Jura et les Alpes), pour constater,
dis-je, que, dans les localités les plus sauvages où un
pàtre a établi sa hutte pendant quelques semaines, les
végétaux que nous venons de nommer l'y ont suivi pour
la plupart, quoique étrangers aux régions montagneuses;
ils y prospèrent au milieu des ruines de cette frêle ha-
bitation, en compagnie du *Polygonum aviculare L.*, du
Sagina procumbens L., du *Rumex crispus L.*, de nos
Chenopodium et de nos Mauves communes. Ce pàtre
ne reviendra peut-être plus fixer sa demeure dans les
mêmes lieux ; mais ces contrées désolées ont reçu un
instant l'empreinte indélébile de la domination de

____

(1) *Ann. du Muséum*, IV, p. 403.

l'homme, tant un être de cette importance a de poids dans la balance de la nature.

Si nous recherchons actuellement quelles sont les plantes étrangères qui ont été introduites accidentellement en France par l'action de l'homme, et quelles sont celles qui du midi ont été importées dans le nord de notre pays ou du nord au midi, nous trouvons qu'une des causes les plus actives, qui fait ainsi apparaître des plantes nouvelles dans des localités où elles n'avaient jamais pris racine, est la culture de semences de céréales, de plantes fouragères, vestimentaires ou légumières, empruntées à des pays plus ou moins éloignés. Ces semences ne sont jamais complétement privées de graines de végétaux sauvages, qui se développent en même temps qu'elles.

Il est même quelques espéces qui semblent liées d'une manière indissoluble à certaines plantes cultivées et vivent avec elles, pour ainsi dire, en société. C'est ainsi que le lin (*Linum usitatissimum L.*), qui croît à l'état spontané dans l'Europe orientale, se trouve presque toujours mélangé chez nous de *Camelina dentata Pers.*, plante originaire des mêmes régions, mais qui, en France comme en Allemagne, en Angleterre, en Suède, en Italie, etc., se rencontre exclusivement dans ce genre de culture et disparaît avec elle. Cette Cameline est donc une plante étrangère introduite sur notre sol.

Les graines de lin que nous recevons de Riga et qui sont employées, dans quelques-uns de nos départements, pour la culture de cette plante textile, sont presque toujours mélangées de graines de *Lolium linicola Sond.*, de *Cuscuta densiflora Soy.-Will.*, et de *Spergula maxima Weih.*, plantes étrangères à la France, mais qui s'y développent avec le lin et viennent témoigner par leur présence du lieu d'origine des semences que l'agriculteur a confiées à la terre.

Dans l'ouest et dans le midi de la France, ainsi qu'en Corse, en Sardaigne et en Italie, on trouve, exclusivement dans les champs de lin, le *Silene cretica L.*, considéré par les auteurs comme indigène de l'île de Crète. Ces semences de lin paraissent donc être originaires d'Orient.

En Wurtemberg et en Souabe, on voit également une autre plante du même genre, qui ne se rencontre aussi que dans les champs de lin, je veux parler du *Silene linicola Gmel.* On ignore la véritable patrie de cette Caryophyllée, et par conséquent celle des semences de la plante à laquelle elle est associée.

Il est une plante du Chili et du Pérou, le *Cuscuta corymbosa* de Ruiz et Pavon, qui a pénétré chez nous, depuis quelques années, avec les graines du *Medicago sativa.* Cette légumineuse a été importée par l'homme dans l'Amérique méridionale, où elle est cultivée avec succès ; mais des graines de cette plante fourragère, récoltées dans le Nouveau-Monde et rapportées en Europe, y ont amené avec elles la Convolvulacée intéressante que nous venons d'indiquer. Aujourd'hui, on l'observe dans les luzernières sur plusieurs points de la France ; nous l'avons reçue de Narbonne, de Lyon, d'Agen, des environs de Dole, de Mulhouse et de Rambervillers ; elle se retrouve en Allemagne dans les duchés de Hesse et de Nassau.

C'est du midi de la France que les cultivateurs de nos départements septentrionaux font venir le plus souvent leurs graines de luzerne. C'est à cette cause que nous devons l'introduction, en Lorraine et en Alsace, de plusieurs plantes méridionales, qu'on chercherait en vain dans les lieux stériles ou dans d'autres cultures. Tels sont : les *Centaurea solstitialis L.*, *Helminthia echioïdes Gœrtn.*, *Asperugo procumbens L.*, *Melilotus parviflora Desf.*, *Ammi majus L.*, *Sinapis incana L.*, et *Medicago scutellata Lam.*, plantes si abondamment répandues dans les campagnes de la Provence et du Languedoc, mais qui, dans le nord-est de la France, se rencontrent exclusivement dans les luzernières.

Depuis une vingtaine d'années, on a vu apparaître, dans les champs de Trèfle de l'Angleterre et du nord de la France, une Cuscute nouvelle voisine du *Cuscuta minor D C.*, mais qui en diffère essentiellement par ses habitudes et son mode de développement. Si cette plante, à laquelle Babington a donné le nom de *Cuscuta Trifolii*, n'était pas étrangère à notre pays, elle y aurait été signalée antérieurement et par les botanistes et surtout par les agriculteurs ; car cette plante est un véritable fléau : elle enlace de ses mille filaments les tiges du tréfle et les étreint d'une manière si étroite, qu'elle le fait bientôt périr. Au lieu de se développer d'une manière diffuse, comme son congénère le *Cuscuta minor,* elle forme des cercles réguliers, qui s'agrandissent du centre à la circonférence, deviennent souvent confluents et détruisent entièrement la récolte. Quelle est la patrie de ce végétal ? je l'ignore ; mais il présente évidemment tous les caractères d'une plante étrangère.

Le *Fumaria densiflora D C.* a été signalé également, depuis peu d'années, dans les cultures des environs de Paris et spécialement dans les champs de lentilles ; il a été retrouvé sur quelques points de la Champagne, de la Normandie, de la Bretagne, de l'Anjou, de la Vendée, et en Lorraine aux environs de Saint-Mihiel. Cette plante est vraisemblablement originaire d'Espagne, où Lagasca (1) l'a observée et décrite sous le nom de *Fumaria micrantha ;* car, dans le midi de la France, où de Candolle le premier l'avait découverte, elle ne se montre que dans les cultures et dans des lieux assez éloignés les uns des autres.

L'*Amsinkia angustifolia Lehm.,* plante du Chili, a été introduite de nos jours dans les champs des environs de Moissac avec les graines du *Madia sativa* (2).

---

(1) Lagasca, *Gen. et Sp.*, p. 21.
(2) Lagrèze-Fossat. *Fl. de Tarn-et-Garonne,* p. 260.

Les semis de pins qui se font depuis une trentaine
d'années en Champagne, y ont introduit quelques plantes qu'on s'étonne d'y rencontrer. M. de Lambertie (1)
a signalé, dans les bois d'arbres résineux du départe-
ment de la Marne, les *Pyrola secunda L.* et *chloran-
tha Sw.*, qui n'habitent ordinairement que les régions
montagneuses. Nous ne pouvons cependant douter de
la détermination de ces plantes, car nous en avons eu
des échantillons sous les yeux. La présence des *Poten-
tilla pensylvanica L.* et *Bunias orientalis L.* au bois de
Boulogne, où ces deux plantes se sont acclimatées depuis de longues années, ne serait-elle pas due à une
cause du même genre? On sait qu'on a fait dans cette
localité des semis d'arbres exotiques, qui y prospé-
rent.

C'est une opinion généralement accréditée parmi les
agriculteurs du nord de la France, qu'il ne faut pas constamment confier les graines de céréales au sol où elles
ont fructifié, mais qu'il faut changer la semence pour
obtenir de belles récoltes. Aussi, beaucoup d'entre eux
font aujourd'hui venir de temps en temps leurs semences
d'une localité plus ou moins éloignée. Cette pratique
devait nécessairement faire pénétrer dans nos départements septentrionaux, des plantes d'autres parties de la
France, et c'est en effet ce qui a eu lieu. Il en est deux

---

(1) De Lambertie, *Cat. des pl. de la Marne*, p. 108.

surtout, dont il nous a été donné de constater l'introduction en Lorraine et d'en suivre les progrès pendant une
douzaine d'années; je veux parler du *Vicia varia Host.*
et du *Barkhausia setosa D C.*

La première de ces deux plantes est commune en
Italie, en Corse, et se retrouve à l'état sauvage dans les
terrains incultes du midi de la France. Mérat, le premier, la signala dans les moissons des environs de Paris,
sous le faux nom de *Vicia pseudo-cracca* (1) ; nous
l'avons observée ensuite près de Nancy et décrite dans
notre *Flore Lorraine* sous le nom de *Vicia villosa* B
glabrescens Koch (2). Depuis, elle a été rencontrée en
France dans un grand nombre de localités. Ce qui
prouve qu'elle a été importée, et cela de nos jours, dans
nos départements septentrionaux, c'est d'abord qu'elle
n'y a pas été vue par les botanistes anciens, malgré la
couleur si tranchée de ses fleurs, et ensuite c'est qu'on
ne l'y trouve pas dans les lieux incultes, mais seulement
dans les moissons et encore pas dans toutes. Souvent,
un champ de blé en est pour ainsi dire infesté et le
champ voisin n'en présente pas un seul pied. L'année
suivante, vous ne la retrouverez plus dans les mêmes
lieux, la faucille du moissonneur a tout enlevé ; mais
elle se montre souvent sur de nouveaux points des

---

(1) Mérat, *Flore de Paris,* éd. 3, t. II, p. 472.
(2) Godron, *Flore de Lorraine,* t. I, p. 176.

mêmes campagnes. Ce sont là des circonstances qui, à nos yeux, caractérisent les plantes introduites et qui forment ainsi des colonies nomades.

Le *Barkhausia setosa*, plante également méridionale, s'est aussi naturalisée, depuis quelques années, dans le nord de la France, et d'abord exclusivement dans les moissons et sur quelques parties seulement de l'Alsace, de la Lorraine, de la Champagne et des environs de Paris. Mais cette plante, qui fructifie vers l'époque de la coupe des blés et dont les graines sont pourvues d'une aigrette, ne tardera pas sans doute à se propager et à y prendre les caractères des plantes indigènes. Déjà, aux environs de Nancy, elle commence à s'étendre dans les prairies et dans les vignes placées dans le voisinage des champs où elle s'est primitivement montrée.

Ces deux plantes ne sont pas les seules qui, du midi, aient été importées avec les céréales dans les cultures du nord de la France. Il en est d'autres qui s'y présentent également avec tous les caractères des plantes introduites, mais dont l'importation est plus ancienne, puisqu'elles y ont été indiquées par les botanistes qui nous ont précédés. Tels sont : les *Adonis œstivalis L.* et *flammea Jacq.*, le *Papaver hybridum L.*, le *Lathyrus Nissolia L.*, l'*Erucastrum obtusangulum Rchb.* l'*Eruca sativa L.*, le *Lepidium Draba L.*, le *Fœniculum officinale L.*, le *Chondrilla latifolia Bieb.*, le *Lactuca saligna L.*, le *Kentrophyllum lanatum D C.*, le

Carduus marianus L., le *Specularia hybrida D C.*, l'*Euphorbia segetalis L.*, les *Avena sterilis L.* et *strigosa Schreb.*, qui ne se montrent que çà et là dans les moissons du nord de la France, et qui sont abondantes, même dans les lieux incultes des provinces méridionales.

Il est enfin des plantes, non-seulement étrangères à la France, mais dont la patrie est éloignée, et qui néanmoins se sont naturalisées dans nos moissons, les unes de nos jours, les autres depuis une époque plus ou moins reculée. Tels sont le *Fumaria anatolica Boiss.*, et le *Specularia pentagonia A. D C.*, plantes d'Orient, que M. Kralik a rencontrées en abondance, il y a peu d'années, dans quelques champs des environs de Marseille ; le *Sesamum orientale L.*, observé assez récemment par M. Touchy, dans les champs des environs de Montpellier ; le *Malva caroliniana L.* et le *Roubieva multifida Moq.*, plantes d'Amérique, naturalisées dans les cultures de la Montagne-Noire près de Sorèze ; le *Cephalaria syriaca Schrad.*, plante d'Espagne et d'Orient, introduite dans les moissons des environs de Nîmes ; le *Saponaria orientalis L.*, trouvé dans les moissons en Roussillon ; le *Nigella hispanica L.*, qui, depuis quelques années, a été rencontré dans un grand nombre de localités du Midi, mais toujours à fleurs plus petites que dans son pays natal; le *Carpesium cernuum L.*, originaire du Caucase et du Tyrol méridional, qui aujourd'hui habite quelques points de la Haute-Alsace et des envi-

rons de Lyon; il se retrouve à Grenoble et dans les Pyré-
nées-Orientales.

Comme plantes plus anciennement introduites, nous
signalerons d'abord le *Bidens bipinnata L.*, dont la patrie est l'Amérique septentrionale, et qui s'est acclimaté
dans les environs de Montpellier, notamment à Gram-
mont, où Gouan l'indiquait déjà en 1762 (1); il y est
encore commun aujourd'hui.

L'*Anemone coronaria L.*, plante d'Orient, abonde
aujourd'hui dans les cultures à Grasse, à Draguignan, à
Hyéres, à Toulon ; elle se retrouve dans quelques champs
aux environs de Montpellier, et même à Toulouse. Cette
Renonculacée, qui fleurit au premier printemps, alors
que les céréales n'ont pas pris encore beaucoup de développement, ne peut pas, en raison de la grandeur et
des couleurs vives de sa fleur, se soustraire à l'œil du
botaniste. Nous devons croire dés-lors que la naturalisation de cette espéce en Provence et en Languedoc
remonte à moins d'un siècle ; car elle n'aurait pas échappé
à Magnol et à Gérard, qui cependant n'en font aucune
mention dans leurs ouvrages.

Linné (2), guidé sans doute par les observations de
Sauvage, avait reconnu que le *Croton tinctorium L.*,
qui déjà de son temps existait en Roussillon et en Pro-

---

(1) Gouan, *Hort. Monsp.* 428.

(2) Linné, *Amœnit. Acad.*, t. VIII, p. 9.

(53)

vence, n'était pas une plante d'Europe. Il émet la même opinion au sujet du *Xanthium spinosum L.*, qui, introduit d'abord en Portugal, s'était de son temps étendu jusqu'à Montpellier et même jusqu'à Vérone. Aujourd'hui cette plante infeste toutes les campagnes du Midi; elle s'est étendue plus au nord, et on la rencontre même çà et là, jusque sous la latitude de Paris. Ces deux plantes paraissent être originaires de l'Afrique septentrionale. .

La présence dans nos moissons des *Ranunculus arvensis L., Nigella sativa L., Delphinium Consolida L., Delphinium pubescens D C., Delphinium peregrinum L.* et *Delphinium Ajacis L., Papaver Argemone L.*, et *Papaver Rheas L., Isatis tinctoria L., Thlaspi arvense L., Camelina sativa L.*, et *Camelina sylvestris Wallr., Neslia paniculata Desv., Calepina Corvini Desv., Erysimum perfoliatum Crantz* et *Erysimum cheiranthoïdes L., Sinapis alba L.* et *Sinapis nigra L., Saponaria vaccaria L., Silene noctiflora L., Ervum Ervilia L., Pisum arvense L., Melilotus alba Desv., Turgenia latifolia Hoffm., Coriandrum sativum L., Bifora testiculata Spreng.* et *Bifora radians Bieb., Valerianella eriocarpa Desv., Chrysanthemum segetum L., Veronica peregrina L.* et *Veronica Buxbaumii Ten., Melampyrum arvense L., Echinospermum Lappula Lehm., Amaranthus albus L., Amaranthus retroflexus L., Amaranthus chlorostachis Willd., Euphorbia platyphyllos Koch, Holcus halepensis L.*, remonte vraisemblablement à une époque bien plus re-

culée, et cependant ces végétaux nous présentent encore tous les caractères des plantes introduites.

Il en est d'autres enfin, qui, compagnes fidèles de nos
céréales, se voient exclusivement dans les moissons et
s'y rencontrent dans toutes les contrées du globe où le
froment, le seigle, l'orge et l'avoine sont cultivés. Leur
introduction date probablement de l'origine de la culture
des céréales en Europe. Tels sont : les *Centaurea Cyanus*
L., Agrostemma Githago L., Lolium temulentum L.,
Agrostis Spica-venti L., Bromus secalinus L. Cette
dernière graminée nous offre en outre un fait remar-
quable : on la trouve toujours à épillets glabres dans les
seigles et dans les froments ; tandis que, dans les orges,
ses épillets sont velus. Il est vraiment étonnant que ces
deux variétés ne se mêlent jamais dans un même champ
et restent chacune associée à la même espèce végétale.
Dès-lors, il nous paraît rationnel de penser que les
plantes dont nous venons de parler, doivent avoir la
même origine que les céréales auxquelles leur existence
semble être attachée.

Il est encore quelques végétaux étrangers qui se sont
introduits chez nous sans doute avec des graines de
plantes potagères ; car on les observe principalement
dans les jardins et le voisinage des habitations. Ce sont :
le *Borrago officinalis L.,* originaire d'Orient ; le *Por-*
tulaca oleracea L., aujourd'hui répandu dans le monde
entier et dont on ignore l'origine ; les *Oxalis stricta L.*
et *corniculata L.,* dont le premier a vraisemblablement

pour patrie l'Amérique septentrionale et le second l'Asie ; le *Datura Stramonium L.*, plante américaine ; l'*Atriplex hortensis L.*, qui paraît être originaire de Sibérie ; le *Melia Azedarach L.*, plante d'Orient devenue commune dans le midi de la France ; l'*Asclepias Cornuti Decaisne*, importé de l'Amérique septentrionale ; le *Chenopodium ambrosioïdes L.*, plante aujourd'hui cosmopolite ; le *Blitum virgatum L.*, originaire d'Asie ; le *Lepidium sativum L.*, plante également asiatique ; le *Chaiturus Marrubiastrum Ehrh.*, plante de l'Europe orientale ; les *Leonurus Cardiaca L.* et *Nepeta Cataria L.*, qui, tous deux venus de l'Asie, se sont répandus dans toute l'Europe et même en Amérique.

Il existe donc un grand nombre de plantes qui, importées dans nos campagnes avec les semences des végétaux utiles qu'on y cultive, ont pu s'y naturaliser. Il en est qui, par ce mode de transport, ont passé d'un continent à l'autre et se sont établies dans des contrées d'une immense étendue.

L'emploi du Guano, en agriculture, ne peut manquer d'amener également l'introduction de plantes étrangères dans les pays où l'on fait usage de cet engrais.

Aux environs de nos ports de mer, il est ordinairement un lieu où l'on dépose le lest des navires. Cette terre, recueillie sur des plages lointaines, conserve fort souvent des souches de plantes sauvages ou des graines, et c'est à cette cause que nous devons l'introduction de végétaux étrangers sur différents points de nos côtes. C'est ainsi que, depuis plus de dix ans, on voit à Cette, dans une vigne située sur les bords de l'étang de Thau et dont le sol a été formé par les dépôts successifs qu'y ont accumulés les vaisseaux en chargement dans ce port, plusieurs plantes intéressantes, telles que l'*Ambrosia tenuifolia Spreng.*, plante de l'Amérique méridionale, l'*Onopordum tauricum Willd.*, originaire de la Grèce et de la Roumélie, et l'*Heliotropium curassavicum L.*, qui croît aux Antilles. Cette dernière espèce s'est aussi naturalisée à l'île Sainte-Lucie, près de Narbonne, et à l'embouchure du Lez, près de Montpellier.

Le *Lepidium virginicum L.*, originaire de l'Amérique du Nord, paraît avoir été introduit de la même manière au lazaret de Bayonne, où il végète et se perpétue depuis de longues années.

Les navires et les marchandises qu'ils transportent, amènent souvent dans nos ports d'autres graines de plantes étrangères. C'est ainsi qu'au lazaret de Marseille, et près du nouveau port aux Catalans, on trouve, depuis quelques années, dans le voisinage des lieux où l'on débarque des marchandises, le *Plantago squarrosa Murr.*, plante d'Egypte, et le *Saponaria porrigens L.*, qui croît dans l'Asie Mineure, le *Diplotaxis pachypoda Godr.*, dont nous ignorons la patrie, l'*Euclidium syriacum R. Brown*, plante d'Orient, l'*Enarthrocarpus lyratus D C.*, propre à l'Egypte, le *Queria hispanica L.*, plante espagnole, le *Centaurea depressa Bieb.*, dont la patrie est le Caucase, le *Crepis erucœfolia Gren. et*

(37)

Godr. et le *Raphanus Blaisii Nob.* (1), dont on ignore le lieu natal, etc.

Le *Senebiera pinnatifida D C.*, originaire d'Amérique, s'est développé aux environs de presque toutes nos villes maritimes, et il a pénétré également dans l'intérieur des terres ; car il se rencontre aujourd'hui à Montauban et à Versailles.

L'*Helichrysum fœtidum Cass.* et le *Gnaphalium undulatum L.*, plantes du Cap de Bonne-Espérance, sont aujourd'hui naturalisées, la première à Brest, et la seconde à Cherbourg.

Le *Cyperus vegetus Willd.*, dont la patrie est l'Amérique méridionale, s'est fixé à Bayonne et à Bordeaux.

---

(1) *Raphanus (Raphanistrum) Blaisii Godr.* et *Gren.* — Flores purpurei, in racemo brevi et post anthesim paulisper elongato laxoque dispositi ; pedicelli floriferi erecti, villosi, calyce breviores. Sepala erecta, lineari-oblonga, villosula, sæpè violacea. Petala exserta, longè unguiculata, limbo obovato, patulo, venoso. Stamina subæqualia ; antheræ luteæ, lineares, basi sagittatæ. Stylus elongatus, conico-subulatus ; stigma parvum, capitatum. Siliqua in pedicello rectangulè patente inserta et assurgens è basi curvato, gracilis, leviter moniliformis, obscurè costata, breviter papillosa, aspera. Semina fusca, ovata. Folia breviter glandulosa et subvillosa ; inferiora pectinato-lyrata ; superiora angusta, basi dentata. Caules erecti vel ascendentes, subsimplices, glandulosi, bi-quadripollicares. Radix annua, gracilis, simplex. — Propè Massiliam loco dicto *les Catalans* circà Portum novum legit Blaise.

La navigation sur les rivières produit des effets analogues à ceux que nous venons d'exposer. Le *Digitaria paspalodes Mich.*, plante de l'Amérique septentrionale, semée en 1802 à Bordeaux, par Bosc, s'est non-seulement propagée autour de cette ville, mais elle est descendue le long des rives de la Gironde jusqu'à la mer, a remonté la Dordogne jusqu'à Lalinde, et la Garonne jusqu'à Toulouse, c'est-à-dire, dans toute l'étendue de la partie navigable de ces rivières (1).

Les naufrages ont pu aussi apporter sur des côtes éloignées des plantes qu'on s'étonne d'y rencontrer. Chacun sait qu'un sinistre de ce genre, arrivé à la fin du xviie siècle, jeta sur la côte méridionale de Guernesey des bulbes d'*Amaryllis sarniensis L.*, plante du Japon, qui se développa en abondance dans les sables du littoral. Il ne paraît pas que cette Amaryllidée y ait persisté : Babington, dans ses *Primitiæ floræ sarnicæ*, n'en fait pas mention.

Parmi les marchandises que le commerce transporte d'une extrémité du monde à l'autre, il n'en est aucune qui soit plus favorable que les laines au transport des graines des plantes étrangères, qui proviennent quelquefois, non-seulement des côtes, mais aussi de l'intérieur des terres et de régions non encore explorées par les botanistes.

---

(1) Desmoulins, *Actes de la Soc. Linn. de Bordeaux*, tom. XV.

Montpellier est l'un des points de la France où ce genre de commerce a été, depuis le xie siècle, constamment le plus actif. Bien que cette ville, dont les nombreux navires, partis du port de Lattes, aujourd'hui ensablé, abordaient au moyen âge dans tous les ports de la Méditerranée et peut-être de la Mer Noire, ait beaucoup perdu de son importance commerciale, depuis la création du port d'Aigues-Mortes, et surtout des ports de Marseille et de Cette, qui lui ont enlevé les relations établies de temps immémorial avec les échelles du Levant, cependant le commerce des laines s'y est maintenu jusqu'à nos jours, et s'est même étendu aux deux Amériques.

Il est, à ses portes, un petit port, établi sur le Lez, aux abords duquel existent plusieurs fabriques de draps, et c'est dans les eaux de cette rivière que s'opère le lavage des laines. On les fait sécher ensuite sur des lits de cailloux, et les graines étrangères qu'elles renferment tombent sur un sol à la fois chaud et humide, qui présente les conditions les plus favorables à leur développement.

Le célèbre professeur De Candolle, qui a laissé à Montpellier tant de traces de son passage, a observé quelques-uns de ces végétaux importés au Port-Juvénal, et a le premier parfaitement reconnu leur origine étrangère. Il en a indiqué neuf dans la *Flore française*. Huit nouvelles espèces, recueillies pour la plupart dans la même localité par Millois, ont été également signalées par Loiseleur-Deslonchamps dans sa *Flora gallica*. Delile, à son tour, chercha avec beaucoup de soin ces plantes apportées avec les laines, et en décrivit brièvement vingt-quatre espèces inédites, dans ses Catalogues de graines du Jardin des Plantes de Montpellier ; elles ont été aussi presque toutes figurées dans la magnifique collection de vélins que possède la Faculté des Sciences de cette ville. Le savant auteur de la *Flore d'Egypte* recueillit un herbier assez considérable des plantes du Port-Juvénal, qui fait aujourd'hui partie des collections de la Faculté de Médecine, et qui a été presque doublé, dans ces dernières années, par les recherches assidues de M. Touchy.

Nous avons cru utile de mettre en œuvre ces matériaux, et nous allons faire connaître les plantes étrangères, au nombre de 387 espèces, qui ont été recueillies jusqu'ici dans cette localité. Il en est parmi elles qui n'ont été vues qu'une seule fois, et n'y ont plus reparu. Mais un assez grand nombre persistent avec opiniâtreté dans les mêmes lieux, et s'y reproduisent, bien que, deux ou trois fois pendant le cours de chaque été, on arrache avec soin toutes les herbes qui gênent la dessiccation des laines. Cette circonstance peut donner l'idée du grand nombre de graines étrangères qui arrivent chaque année au Port-Juvénal, puisque, malgré la cause de destruction que nous venons d'indiquer, on y retrouve constamment un certain nombre des mêmes espèces.

D'une autre part, pendant les années 1851, 1852 et
1853, une partie des champs cailloutoux qui depuis longtemps servent à la dessiccation des laines, sont restés
sans emploi et se sont couverts d'une végétation luxuriante de plantes exotiques. Le Port-Juvénal s'est trouvé
ainsi transformé en un véritable jardin botanique, dans
lequel des plantes des quatre parties du monde sem-
blaient s'être donné rendez-vous. Enfin, il est dans cette
localité un de ces champs arides, sur lequel, depuis
longues années, on a cessé d'étendre des laines, et qui
est resté complétement inculte. On y observe encore
aujourd'hui beaucoup de plantes qu'on y recueillait
autrefois.

Ces faits tendent à démontrer qu'un grand nombre
de végétaux étrangers peuvent être facilement natura-
lisés sous le climat de Montpellier.

Cette végétation accidentelle vient également nous
faire connaître, d'une manière positive, quels sont les
lieux d'où proviennent originairement les laines, trans-
formées ensuite en drap dans les fabriques de Montpellier. Il est même possible d'établir approximativement
quels sont les pays étrangers qui en importent le plus
chez nous, puisque ce sont vraisemblablement ceux qui
fournissent au Port-Juvénal le contingent le plus considérable de plantes exotiques. D'après nos recherches,
nous devons placer en première ligne, sous ce rapport,
l'Espagne, puis l'Algérie et le Maroc, et enfin l'Egypte,
le Caucase, l'Italie, l'Asie Mineure et les bords de la

Mer Noire, les deux Amériques, etc. C'est ainsi qu'une question botanique permet de résoudre une question commerciale.

Il résulte également de la liste que nous allons donner de ces plantes, comme il était du reste facile de le prévoir, que les genres qui sont le mieux représentés au Port-Juvénal, se trouvent parmi ceux qui se distinguent par leurs épines, leurs arrêtes, leurs poils rameux et par les aspérités dont leurs graines ou leurs enveloppes florales sont pourvues. C'est ainsi que les *Erodium*, les *Medicago*, les *Daucus*, les *Centaurea*, les *Verbascum* et les Graminées, y présentent des espéces assez nombreuses.

Conclusions. — De tous les faits établis dans cette introduction, on peut conclure :

1° Que les agents physiques ont une action évidente comme moyens de transport des graines de végétaux d'une contrée dans une autre, et que, s'il n'est pas rigoureusement démontré qu'ils aient assez de puissance pour opérer ces migrations directement à de très-grandes distances, il est certain cependant que, de proche en proche, ils ont pu propager certains végétaux dans une étendue immense ;

2° Que les animaux ont, sous ce rapport, une action restreinte et qui ne s'étend guère qu'aux régions limitrophes de celles qu'ils habitent ;

3° Que l'homme est au contraire l'agent le plus efficace de ces migrations, qui s'accroissent journellement

en raison directe des relations commerciales; qu'il transporte, même à son insu, et cela immédiatement à de
grandes distances, un nombre considérable de graines ;
qu'il les disperse accidentellement dans tous les lieux
où il met le pied ; qu'il finirait même par confondre la
végétation de toutes les parties du globe, si le Créateur,
en mettant des bornes aux naturalisations, n'avait pris
toutes les précautions nécessaires pour que, pendant le
cours de la période géologique actuelle, rien ne fût
changé au caractère spécial qu'il a imprimé à la végétation de chacune des parties de notre planète.

FLORULA JUVENALIS.

Div. I. — DICOTYLEDONEÆ.

Classis I. — THALAMIFLORÆ.

RANUNCULACEÆ (*Juss.*).

ADONIS MICROCARPA *D. C. Syst.* 1. *p.* 225 (*A. intermedia Webb. Phyt. can.*, p. 12). Planta hispanica.

RANUNCULUS LOMATOCARPUS *Fisch. et Mey. Ind. hort. petrop.*, 1855, *p.* 36. In pratis ad mare Caspium indigenus.

RANUNCULUS TRACHYCARPUS *Fisch. et Mey. Ind. hort. petrop.*, 1857, *p.* 46. In Tauriâ indigenus.

NIGELLA DIVARICATA *D. C. Syst.* 1, *p.* 329. In Ægypto et Tauriâ spontè crescit.

NIGELLA HISPANICA (*genuina*) *L. sp.* 755. Hispaniæ, Africæ borealis, Græciæ, etc., civis.

PAPAVERACEÆ (*D. C.*).

GLAUCIUM TRICOLOR *Hort. Monsp.* — Flores solitarii, terminales et oppositifolii. Calyx antè anthesim oblongus, breviter et obtusè acuminatus ; sepala dorso pilis raris conicis munita. Corolla magnitudine haud insignis ; petala externa orbiculata, in unguem latum breviter contracta, interna obovato-cuneata, omnia intùs suprà basim maculâ ellipticâ atro-sanguineâ et luteo marginatâ picta, in medio rubro-aurantiaca, versùs margines pallidiora. Siliqua 4-5 pollices longa, gracilis, flexuosa, cylindrica, apice attenuata, glabra, sed tuberculis minimis sparsis exasperata, pedunculo semipollicem longo insidens. Semina fusca, globosa, compressa, alveolata. Folia glauca; radicalia petiolata, utrâque paginâ pubescentia, pinnatifido-lyrata, lobis patentibus, ovatis, grossè dentatis, dentibus apice mucronulatis; folia caulina omnia sessilia, amplexicaulia ; superiora ovalia, incisa vel dentata. Caulis erectus, glaber, ramosus. Radix annua, longa, simplex, perpendicularis. — Proximum *G. luteum Scop.* differt floribus duplò majoribus, concoloribus ; siliquis longioribus ; seminibus ovatis ; foliis crassioribus, caulinis profundè cordatis ; radice bienni. — Patria ignota.

HYPECOUM PENDULUM *L. Sp.* 181. Planta mediterranea, sed falsè in Florâ monspeliensi à Gouano inscripta.

CRUCIFERÆ (*Juss.*).

ENARTHROCARPUS LYRATUS *D. C. Syst.* 2, *p.* 661. Stirps Ægypti incola.

ENARTHROCARPUS CLAVATUS *Delile*, *ined.* (*E. arcuatus Lois., nouv. not.* 29, *non Labill.*). — Flores in racemo infernè foliato, apice nudo, post anthesim laxo et elongato dispositi; folia floralia omnia petiolata, ovata lanceolatave, dentata vel inferiora basi inciso-lobata; pedicelli patuli, filiformes, villosi. Calyx basi inæqualis, sepalis laxis, violaceis, hirsutis. Petala lutea, venosa, fauce violacea. Siliquæ patentes, leviter arcuatæ, articulatæ, longitudinaliter striatæ, torulosæ, pilis ascendentibus hirsutæ, cylindrico-oblongæ, apice rotundato incrassatæ, stylo filiformi persistente apiculatæ; articulus inferior obconicus, à pediculo vix distinctus. Folia villosa, omnia petiolata, lyrato-pinnatisecta, segmento terminali lobulato-dentato. Caules villosi, prostrati sed versùs apicem ascendentes, ramosi. Radix annua. — Patria ignota.

ENARTHROCARPUS ANCEPS *Godr. fl. juv. ed.* 1, *p.* 4 (*E. pterocarpus Delile herb., non D. C.*). — Flores magni, in racemo usquè ad apicem foliato, post anthesim laxo et insigniter elongato dispositi; folia floralia omnia petiolata, versùs basim pedicelli inserta, grossè dentata vel inferiora lyrata; pedicelli adpressè erecti, villosi, fructu maturescente incrassati. Calyx basi inæqualis, sepalis laxis, violaceis, villosulis. Petala violacea, venosa. Siliquæ erecto-arcuatæ, leviter striatæ, pilis raris rigidis ascendentibus hirsutæ, acutè ancipites, apice sensim attenuatæ et compressæ, ad margines alâ membranaceâ carentes exasperatæ; articulus inferior æquè longus et

latus, cuneatus, à pedicello distinctus. Folia omnia petiolata, pubescentia, lyrato-pinnatisecta. Caules erecti
vel ascendentes, ramosi, pubescentes. Radix annua.
— Patria ignota.

RAFFENALDIA *Godr. fl. juv. ed.* 1, *p.* 5. — Calyx tetraphyllus, foliolis erectis, basi segregatis, in medio coa-
litis, apice liberis ; duobus lateralibus basi saccatis.
Corollæ petala 4, unguiculata, integra. Stamina 6, hypogyna, tetradynama, libera, filamentis subulatis exalatis
et edentulis. Glandulæ quatuor virides thoro insidentes.
Siliqua evalvis, suberosa, unilocularis, tetragona, moniliformis, apice acuminata, intùs isthmis pluribus fungosis
strangulata, maturitate in fragmenta monospermia transversè secedens. Semina pendula, levia. Cotyledones
complicatæ, apice emarginatæ, radiculam includentes. —
Differt ab *Enarthrocarpo* et *Raphanistro* siliquis articulo
inferiore carentibus ; à *Raphano* siliquis maturis transversè fractis; à tribus generibus indicatis fructu tetragono.
In honorem illustr. professoris monspeliensis Raffeneau-
Delile hoc genus dicavi.

RAFFENALDIA PRIMULOÏDES *Godr. flor. juv. ed.* 1, *p.* 5
(*Raphanus primuloïdes Delile ined.* ; *Cossonia africana
Dur. in ann. sc. nat. ser.* 3, *t.* 20, *p.* 83, *tab.* 6. —
Flores majusculi, ex axillis foliorum radicalium emergen-
tes, subsessiles vel plus minus pedunculati. Pedunculi
foliis semper breviores, primùm erecti, dein arcuati, rigidi et fructum terræ fodientes. Calyx sepalis coloratis,
marcescentibus, linearibus. Petala unguiculata, limbo

obovato, roseo, venis purpureis picto. Antheræ sagittatæ. Stigma hemisphericum, emarginatum. Siliqua lineari-
oblonga, leviter flexuosa, tetragona lateribus depressis
et marginibus undulatis, matura in 5-7 fragmenta monosperma secedens. Semina ovoïdea, fulva, nitida, sapore
Sinapim nigram æmulans. Folia omnia radicalia, in apice
caudicis rosulata, pallidè viridula, carnosula, petiolata,
nervo dorsali et margine hispidula ; alia obovato-cuneata,
apice sinuato-dentata ; alia lyrata lobo terminali dentato
vel subintegro. Caudex lignosus, indeterminatus, cica-
tricosus, habitu ad caudicem *Primulæ Auriculæ* accedens. — In Mauritaniâ propè Tiaret (*Kremer*) et Saïda
(*Cosson*) spontè crescit.

MORICANDIA ARVENSIS *D. C. Syst.* 2, *p.* 626. Planta mediterranea, apud nos advena.

SINAPIS PUBESCENS *L. Mant.* 95. Floræ siculæ et hispa-
nicæ civis.

SINAPIS CHEIRANTHUS *Koch, Deutsch. Fl.* 4, *p.* 717. Planta
gallica, sed Floræ monspeliensi aliena.

HIRSCHFELDIA INFLEXA *Presl, fl. sicul., p.* 97. Planta sicula.

ERUCA SATIVA *var. flore flavo, fructibus pilosis (Bras-
sica Eruca var.* β *Sibth. et Sm., fl. græc., tab.* 646).
Hæc varietas Græciâ oriunda videtur.

DIPLOTAXIS CATHOLICA *D. C. Syst.* 2. *p.* 632. In Lusitaniâ et Hispaniâ indigena.

DIPLOTAXIS TENUISILIQUA *Delile! Ind. hort. Monsp.* 1847.
p. 7 (*D. auriculata Durieu! Exp. sc. alg. bot., livr.
II. pl.* 76, 1848). Planta mauritanica.

(54)

DIPLOTAXIS PACHYPODA *Godr. fl. juv. ed.* 1, *p.* 6 (*Sina-pis assurgens Delile, Ind. hort. Monsp.* 1847, *p.* 7. — Flores majusculi, in racemo aphyllo, rigido, post anthe-sim elongato dispositi ; pedicelli patuli vel demùm ar-cuato-assurgentes et crassitie siliquam ferè æmulantes. Sepala oblonga, patula, villosula. Petala lutea. Stylus sat longus, ensiformis, demùm sub apice incrassatus, in utrâque facie trinervatus, stigmate parvo bilobo corona-tus. Siliquæ erecto-patulæ, vel per racemum contortæ, pedicellis sæpiùs longiores, tetragonæ, compressæ, gla-bræ vel breviter hispidulæ, valvis subtorulosis, nervo dorsali unico percursis. Semina biserialia, ovata, flaves-centia, levia. Folia lætè viridia, glabra aut villosula, valdè variantia ; inferiora sæpiùs pectinato-pinnatifida vel pinnatisecta, lobis oblongis, dentato-serratis ; supe-riora sessilia , amplexicaulia, nunc pinnatisecta, nunc incisa vel sinuato-dentata. Caulis erectus, pubescens, ramosus. Radix annua. — Patria ignota.

DIPLOTAXIS CORONOPIFOLIA *Nob.* — Flores in racemo aphyllo, post anthesim elongato strictoque dispositi ; pedicelli hispiduli, erecto-patuli, graciles. Sepala oblonga, erecta, hispida. Petala lutea. Stylus 2 lineas longus, an-gustè ensiformis, in utrâque facie trinervatus ; stigma capitatum. Siliquæ erecto-patulæ, pedicello sexiès lon-giores, tetragonæ, compressæ, glabræ vel breviter hispi-dulæ, valvis torulosis et uninerviis. Semina biserialia, ovata, fusca. Folia viridi-cinerea, adpressè hispida, versùs basim caulis omnia inserta, insigniter petiolata,

(55)

subsinuato-pinnatifida, lobis lateralibus 4-6 oppositis triangularibus integris, terminale ovato et grossè dentato. Caules graciles, pedales et ultrà, rigidi, hispiduli, suprà basim ramosi. Radix annua vel biennis, ramosa. — Patria ignota.

DIPLOTAXIS BRACHYCARPA *Nob.* — Flores in racemo aphyllo, post anthesim valdè elongato flexuoso laxoque dispositi; pedicelli filiformes, glabri, patentissimi. Sepala oblonga, patula, tenuiter pubescentia. Petala lutea. Stylus vix lineam longus, latè ovatus, compressus, basi constrictus, nervo unico prominente in utràque facie percursus; stigma subbilobum. Siliquæ patulæ, 3-4 lineares, pedicellum subæquantes vel breviores, compressæ, glaberrimæ, valvis leviter torulosis, uninerviis. Semina biserialia, minima, ovata, fusca. Folia pubescentia, omnia petiolata; radicalia.....; caulina angustè lanceolata, sinuato-dentata. Caules erecti, graciles, flexuosi, pedales, basi pubescentes, ramosissimi. Radix...... — Patria ignota.

MALCOLMIA MARITIMA *Brown, in Hort. Kew. ed. 2, t. 4, p.* 121. Planta Africæ borealis.

MALCOLMIA ARENARIA *D. C. Syst.* 2, *p.* 442. Planta mauritanica.

MALCOLMIA PARVIFLORA *D. C. Syst.* 2, *p.* 442. Planta mediterranea, in agro monspeliensi advena.

MATHIOLA TRICUSPIDATA *Brown, Kew. ed. 2, t.* 4, *p,* 120. In littore mediterraneo indigena, sed hucusquè in littore nostro non reperta.

Mathiola parviflora *Brown, Kew. ed.* 2, *t.* 4, *p.* 121. In Hispaniâ viget.

Erysimum repandum *L. Amœn.* 3, *p.* 415. Planta Europæ orientalis incola.

Erysimum gracile *D. C. Syst.* 2, *p.* 504. Planta caucasica.

Sisymbrium pannonicum *Jacq. Coll. I, p.* 70. Stirps Germaniæ civis.

Sisymbrium erysimoïdes *Desf. All.* 2, *p.* 84, *tab.* 158. In Mauritaniâ et Hispaniâ indigenum.

Sisymbrium hirsutum *Lag. in D. C. Syst.* 2, *p.* 478. Planta matritensis.

Arabis auriculata *Lam. Dict.* 1, *p.* 219. Agro monspeliensi aliena.

Alyssum minimum *Willd. Sp.* 3, *p.* 464. Planta Austriæ, Podoliæ et Tauriæ.

Clypeola cyclodontea *Delile, Bull. Soc. agr. de l'Hérault,* 1830, *p.* 258, *ic.* — Flores parvi, in racemo demùm elongato et caulem æmulante vel superante dispositi ; pedicellis fructiferis filiformibus, deflexis, siliculâ brevioribus. Sepala erecta, oblonga, concava, obtusa, extùs ut tota planta pilis stellatis obsita. Petala albida, lineari-cuneata, obtusa, calyce vix longiora. Stylus lineam unam longus, pilis glandulosis vestitus, dentibus fructùs longitudine æqualis. Stigma minimum, depressum. Siliculæ orbiculatæ, applanatæ, basi leviter emarginatæ, pilis glandulosis et pilis stellatis vestitæ, alâ foliaceâ dentatàque circumdatæ. Semen lenticulare, compressum,

margine carinato. Folia cinerascentia, obversè lanceolata, basi attenuata, obtusiuscula, fructu maturescente
decidua. Caulis ramosissimus, ramis ascendentibus, flc-
xuosis. Radix gracilis, simplex. — In Mauritaniâ spontè
crescit, ubi nuperrimè detecta est propè Tiaret et Saïda
(*Delestre, Kremer, Cosson*).

Draba juvenalis *Delile, in Godr. fl. juv. ed.* 1, *p.* 7. —
Flores minimi. Sepala basi æqualia, villosula. Petala
lutea, erecta, spathulato-cuncata, subemarginata. Stigma
sessile. Racemus fructifer oblongus, laxiusculus, longitudine caulem æmulans, molliter villosus, pedicellis filiformibus, rectangulè patulis, fructum æquantibus. Silicula leviter ascendens, adpressè pubescens , ciliata,
elliptica, planiuscula, obtusa. Folia mollia, tenuia, pilis
brevibus ramosis vestita ; radicalia obovata, in petiolum
decurrentia ; caulina subsessilia , ovata lanceolatave ;
omnia utrinquè uno vel altero denticulo munita. Caulis
erectus, flexuosus, gracilis, villosus. Radix annua, simplex, perpendicularis, filiformis. — Proximè accedens
Draba nemorosa differt floribus majoribus ; racemo
longiore laxioreque ; pedicellis glabris fructu duplò vel
triplò longioribus ; siliculis minoribus, lineari-oblongis,
et habitu. — Patria ignota.

Biscutella auriculata *L. Sp.* 911. Floræ monspeliensi
aliena.

Biscutella depressa *Willd. Enum.* 2, *p.* 673. In Æ-
gypto spontè crescit.

Biscutella apula *L. Mant.* 254. Planta mediterranea,
sed littoribus gallicis aliena.

(58)

THLASPI BURSA-PASTORIS *L. var. microcarpa Nob.* —
Siliculis sexiès minoribus à formà vulgari recedit; sed
speciminibus intermediis ad typum reducere licet.

LEPIDIUM PERFOLIATUM *L. Sp.* 897. In Hispaniâ et Oriente
spontè crescit.

LEPIDIUM CALYCINUM *Godr. fl. juv. ed.* 1, *p.* 8. — Flores
minimi. Sepala patula, dorso hispidula, fructu maturescente persistentia. Petala inconspicua. Stamina 6, qua-
rum 4 antheris carent. Stigma sessile. Racemus fructifer
angustus, pedicellis capillaribus, tenuissimè pubescentibus, extrorsùm arcuatis, fructu paulò longioribus.
Siliculæ latè ovales, glabræ, nitidæ, plano-compressæ,
apice sat profundè et patenter emarginatæ, margine ca-
rinatæ, exalatæ. Semina ovata, saturatè flava. Folia
glabriuscula; radicalia petiolata, lanceolata, dentata;
cætera pinnatisecta; caulina inferiora segmentis plus
minus inciso-dentatis; superiora lobis angustè linearibus. Caulis 4-6 pollices longus, pubescens, erectus,
ramosus, ramis patulis. — Patria ignota.

LEPIDIUM MENZIESII *D. C. Syst.* 2, *p.* 539. In Americâ
meridionali indigenum.

MARTINSIA *Gen. nov.* (*Notorhizeæ nucamentaceæ*). —
Calyx tetraphyllus, foliolis æqualibus, liberis. Corollæ
petala 4, hypogyna, obovato-cuneata, unguiculata, integra. Stamina 6, hypogyna, tetradynama, libera, filamentis edentulis. Glandulæ 4 thoro insidentes. Stigma
parvum, capitatum. Silicula indehiscens, crustacea,
unilocularis, monosperma, ovoïdeo-tetragona, tetraptera,

in stylum persistentem et pyramidatum acuminata. Semen pendulum, immarginatum. Cotyledones planæ, sub-
orbiculatæ, radiculæ ascendenti incumbentes. — A
genere *Boreavá*, cui proxima, differt : siliculà haud dru-
paceâ nec tuberculatà ; cotyledonibus æqualibus, exteriore non multò crassiore et carinâ omninò destitutà ;
radiculâ non clavatâ, sed apice acutatà ; racemis axilla-
ribus terminalibusque, non oppositifoliis. In honorem
professoris monspeliensis Caroli Martins hoc genus
dicavi.

Martinsia glastifolia *Nob.* — Flores haud magni, lutei,
in racemis patulis et aphyllis dispositi et paniculam sub-
corymbosam formantes. Sepala oblonga, colorata, demùm
patula, decidua. Petala calyce duplò longiora, limbo
patulo et sensìm in unguem attenuato. Staminum filamenta lineari-subulata ; antheræ cordato-ovatæ. Silicula
magnitudine et formâ exteriore nucamentum *Buniadis
Erucaginis* simulans, pedicellum rectangulè patentem
æquans, glabra, leviter reticulata, alis angustis et eximiè
undulatis. Semen magnum, ovoïdeum, fuscum. Folia
glauca, integra ; radicalia ....; caulina ovato-lanceolata
vel lanceolata, basi profundè cordata, amplexicaulia,
auriculis rotundatis. Caulis uni-bipedalis, teres, erectus,
glaber, versùs apicem sæpè ramosus, ramis patulis. Radix annua, longa, subsimplex. — Hanc plantam in campestribus Portûs-Juvenalis collegi junio 1853, comitante
prof. Martins ; eodem tempore detecta fuit propè Massiliam (*Blaise*), ubi verosimiliter advena.

Sennebiera pinnatifida *D. C. Mem. soc. nat. Par.*, an. VII, *p.* 144, *tab.* 9. Planta Americâ septentrionali profuga.

Rapistrum hispidum *Godr. fl. juv. ed.* 1, *p.* 8. — Flores saturatè lutei. Sepala oblonga, erecta, mox decidua. Petala calyce duplò longiora, limbo patulo. Stylus conicus, articulo superiore fructûs brevior. Stigma capitatum. Racemus fructifer valdè elongatus, strictus, laxus, pedicellis erectis, mox incrassatis et obconicis, articulo inferiore fructûs duplò longioribus. Siliculæ hispidæ; articulo inferiore brevi, ovato, angulato, vix crassiore ac pedicellis; articulo superiore majusculo, globoso, depresso, costis irregularibus longitudinaliter percurso. Folia plus minusve villosa, omnia petiolata, lanceolata, sinuato-dentata, vel inferiora sublyrata. Caulis sesquipedalis, hispidus vel villosus, teres, erectus, ramosissimus, ramis virgatis, patentibus. Radix annua. — Patria ignota.

Otocarpus virgatus *Durieu, in Duch. Rev. bot.* 2, *p.* 435. In Mauritaniâ propè Saïda spontaneus.

CARYOPHYLLEÆ (*Juss.*).

Silene tridentata *Desf. Atl.* 1, *p.* 349. Arvis Hispaniæ et Mauritaniæ oriunda.

Silene affinis *Godr. fl. juv. ed.* 1, *p.* 9. — Flores erecti, secundi, in racemo spiciformi, simplici, villoso dispositi; inferiores valdè remoti, pedicellis flore longioribus insidentes, superiores subsessiles; bracteæ vix inæqua-

les, foliaceæ, pedicellum superantes. Calyx pilis longis,
mollibus, patulis vestitus, tubo primùm cylindrico, dein
oblongo, basi attenuato, non umbilicato, nervis viridibus percurso, dentibus linearibus obtusis. Corolla exserta, 5 lineas lata ; petala squamis geminatis parvis
fauce coronata, limbo cuneato bifido. Staminum filamenta
glabra. Capsula oblonga, thecaphoro longior. Folia villosa ; inferiora obversè lanceolata, in petiolum decurrentia; superiora lineari-oblonga. Caulis erectus, villosus,
ramosus. Radix annua. — Proximè accedunt præcipuè
vestimento *S. vestita* nostra et *S. hirsutissima Otth.*
Prima species differt floribus distichis ; calyce breviore ;
corollæ limbo parvulo ; thecaphoro minus longo ; pedicellis inferioribus flore brevioribus vel florem æquantibus.
S. hirsutissima à *S. affini* distinguitur floribus omnibus breviter pedicellatis , æqualiter remotis ; calyce
fructifero clavato ; thecaphoro capsulam æquante ; pilis
longioribus densiùsque plantam tegentibus. — Patria
ignota.

Silene apetala *Willd. Sp.* 2, *p.* 507, *var. glomerata.*
— Floribus in apice ramorum congestis. — In Hispaniâ
et Mauritaniâ spontè crescit.

Silene rubella *L. Sp.* 600. Planta mediterranea , sed
littoribus nostris aliena.

Silene subvinosa *Delile, Ind. sem. hort. Monsp.* 1838,
p. 12. — Flores nocturni, terminales et alares, in racemo
dichotomo laxo dispositi, ramis dichotomiæ inæqualibus;
pedicellis glanduloso-puberulis, calycem subæquantibus,

vel inferioribus calyce longioribus ; bracteis herbaceis,
linearibus, pedicello brevioribus. Calyx glanduloso-pu-
bescens, cylindricus, mox apice incrassatus et oblongus,
basi truncatus umbilicatusque, dentibus ovatis obtusis.
Corolla majuscula, exserta, subvinosa, subtùs venis sub-
cæruleis reticulata ; petalorum limbus unguem æquans,
bipartitus , lobis oblongis, fauce squamis emarginatis
coadunatisque coronatâ, ungue exauriculato. Staminum
filamenta glabra. Capsula ovoïdea, obtusa, thecaphoro
vix longior. Folia brevia, linearia, canaliculata. Caules
erecti vel ascendentes, ramosi, ut tota planta glandu-
loso-viscosi. — Patria ignota.

SILENE TENUIFLORA *Guss. Pl. rar. p.* 177, *tab.* 36. Planta
italica.

SILENE JUVENALIS *Delile, Ind. sem. hort. Monsp.* 1836,
p. 28. — Flores nocturni, leviter nutantes, terminales
et alares, in racemo dichotomo laxo dispositi, ramis dichotomiæ inæqualibus, patulis ; pedicellis glanduloso-
puberulis, gracilibus ; bracteis æqualibus , herbaceis,
lanceolatis , acuminatis , pedicello brevioribus. Calyx
fructifer ovato-conicus, inflatus, nervis 30 approximatis
glanduloso – pubescentibus percursus , basi truncatus,
profundè umbilicatus, dentibus acuminato-subulatis vix
tubo calycino brevioribus. Corolla exserta, majuscula,
rosea ; petalorum limbus ungue brevior, latè obovatus,
emarginatus , fauce squamis geminis obtusis integris
munita. Staminum filamenta basi pubescentia. Capsula
sessilis, ovata, acuta. Folia puberula, lineari-lanceolata,

vel oblonga ; inferiora in petiolum decurrentia. Caulis
strictus, erectus, breviter pubescens, supernè ramosus.
Radix annua, gracilis. — Planta Asiæ minoris (*Boissier*).

SILENE WOLGENSIS *Spreng. Ind. sem. hort. halens.* 1828,
p 6. In provinciis caucasicis et Rossiâ mediâ spontè
crescit.

LYCHNIS CÆLI-ROSA *Desr. in Lam. Dict.* 5, *p.* 644. In
Hispaniâ, Africâ boreali, insulis mediterraneis et Oriente
indigena.

ALSINE TENUIFOLIA *Crantz, var. confertiflora Fenzl, in
Led. Fl. ross.* 1, *p.* 342. In Galloprovinciâ reperitur,
sed floræ monspeliensi aliena est.

ALSINE CAMPESTRIS *Fenzl, Verbreit. d. Alsin. in tab. add.
p.* 57 (*Minuartia montana D. C. Prodr.* 5, *p.* 380).
In Tauriâ et Caucaso spontanea.

ARENARIA PROCUMBENS *Vahl, symb.* 1, *p.* 50, *tab.* 55. In
regno tunetato et in Ægypto indigena.

CERASTIUM ANOMALUM *Waldst. et Kit. Hung.* 1, *p.* 21,
tab. 22. Planta floræ mediterraneæ aliena.

CERASTIUM MANTICUM *L. Sp,* 629. Planta Italiæ borealis.

CERASTIUM DICHOTOMUM *L. Sp.* 628. Hispaniæ et Mauritaniæ civis.

CERASTIUM JUVENALE (*Orthodon*) *Nob.* — Pedunculi vis-
cosi, recti, calyce florifero longiores, post anthesim
elongati erectique (refractos non vidi). Bracteæ ovatæ,
acutæ, margine haud scariosæ. Calyx, ut tota planta,

viscoso-pilosus, parvus, ovato-oblongus, sepalis lanceolatis, acutiusculis vel erosis, ad margines scariosis. Petala calyce duplò breviora, apice emarginata, ad unguem glabra. Stamina 5, filamentis glabris. Capsula brevis, recta, calycem tertiâ parte superans. Semina fusca, orbiculata, compressa, tenuissimè tuberculata. Folia lætè viridia, utràque facie densè piloso-viscosa; inferiora obovata, in petiolum attenuata, obtusa; media et superiora sessilia, ovalia, acutiuscula. Caulis 3-4 pollicaris, viscosus, à basi ramosissimus, ramis erecto-patulis. Radix annua, simplex, gracilis. — Patria ignota.

MALVACEÆ (*Brown*).

Malva incana *Godr. fl. juv. ed.* 1, *p.* 11. — Flores parvi, in racemis terminalibus compositis foliosis dispositi. Pedunculi axillares, solitarii vel gemini, uni-triflori, incano-tomentosi, foliis floralibus breviores. Involucri foliola subulata, tubum calycis superantia. Calyx incano-tomentosus, tubo breviter campanulato, dentibus lanceolatis, acuminatis. Corolla calyce vix longior; petala obovato-cuneata, subemarginata, dilutè rosea, ad unguem barbatum venis purpureis picta. Carpella ignota. Folia crassiuscula, breviter petiolata, ovalia, obtusa acutave, serrata, suprà cinerascentia, subtùs albo-tomentosa. Caules fructiculosi, erecti vel ascendentes, graciles, ramosi; ramis demùm glabratis. — Patria ignota.

Malva caroliniana *L. Sp.* 969. Planta ex Americâ boreali migrata.

Malva ægyptia *L. Sp.* 971. — In Ægypto et Mauritaniâ indigena.

Malva microcarpa *Desf. Cat. ed.* 1, *p.* 144. Planta mediterranea, sed agro monspeliensi aliena.

Althæa ficifolia *Cav. Diss.* 2, *p.* 92. *tab.* 28, *f.* 2. Caucaso et Rossiâ australi inter Volgam et Tanaïm oriunda.

Althæa hirsuta *L. var. grandiflora Nob.* — Corolla triplò major ac in typo, calyce longior.

Lavatera thuringiaca *L. Sp.* 973. In Germaniâ, Rossiâ australi, Caucaso, Tartariâ indigena.

HYPERICINEÆ (*D. C.*).

Hypericum crispum *L. Mant.* 106. In Hispaniâ, Mauritaniâ, Græciâ, Arabiâ petræâ, Syriâ, Asiâ minore spontè crescit.

GERANIACEÆ (*D. C.*).

Erodium sebaceum *Delile, Ind. sem. hort. Monsp.* 1838, *p.* 6, *icon.* — Pedunculi radicales, erecti, crassiusculi, folia æquantes vel superantes, multiflori, glandulosi. Involucrum monophyllum, membranaceum, majusculum, profundè lobatum. Flores speciosi. Calyx magnus, apice violaceus ; sepala elliptico-oblonga, pubescenti-glandulosa, margine latâ membranaceâ circumdata, apice barbata et brevissimè apiculata. Petala calyce duplò longiora, subæqualia, cuneata, truncata vel subemarginata, versùs unguem barbata, dilutè violacea ; petala duo superiora basi venis tribus in maculam intensè purpuream tridentatam confluentibus picta. Staminum filamenta fertilia brevia, violacea, adpressè erecta ; antheræ oblongæ, luteæ. Stigmata purpurea, brevia, angusta. Capsulæ pilis fulvis et sursùm versis tectæ, apice foveis geminis glabris glandulosis et plicâ unicâ circumdatis instructæ ; rostrum sesquipollicem longum. Semina tenuissimè corrugata. Cotyledones obliquè trilobatæ. Folia omnia radicalia, magna, erecto-patula, longè petiolata, circumscriptione oblonga, pinnatisecta, segmentis ovalibus et bipinnatipartitis, laciniis lineari-lanceolatis, brevibus, ciliatis, in utrâque facie glandulis aureis conspersis ; stipulæ magnæ, lanceolatæ. Caudex brevis, perennis. Radix crassa, longa, perpendicularis. Planta 6-10 pollices longa, odorem sebaceum spirans. — Patria ignota.

Erodium alsiniflorum *Delile, Ind. sem. hort. Monsp.* 1847, *p. 7.* — Pedunculi axillares, patuli, graciles, 6-8 flori, foliis duplò triplòve longiores. Involucrum monophyllum, membranaceum, lobis acuminatis demùm reflexis. Flores parvi. Calyx pubescens ; sepala ovato-oblonga, margine scariosa, brevissimè apiculata, apiculo pilum unum alterumve gerente. Corolla regularis ; petala sepalis æqualia, angusta, sublinearia, dilutè rubella vel albida, canaliculata, in unguem longiusculum et brevissimè barbulatum attenuata. Staminum filamenta subulata, albida, erecta ; antheræ minimæ, ovales, atratæ. Stigmata alba, brevia, reflexa. Capsellæ pilis albis et sursùm versis vestitæ, apice foveis geminis glabris et plicâ unicâ circumdatis instructæ ; rostrum pollicem

paululùm superans. Semina levia. Cotyledones obliquè
trilobatæ. Folia villosa, circumscriptione oblonga ; inferiora petiolata, omnia pinnatisecta, segmentis oblongis pectinato-incisis, laciniis acutis bi-trifidis ; stipulæ
lanceolatæ. Caules demùm elongati, graciles, diffusi,
pilosi, ramosi. Radix annua. — Patria ignota.

ERODIUM BIPINNATUM *Willd. Sp.* 3, *p.* 620 (*Geranium
numidicum Poir. Voy.* 2, *p.* 101). Planta mauritanica.

ERODIUM SCANDICINUM *Delile, in Godr. fl. juv. ed.* 1, *p.*
13 (*E. numidicum Salzm. pl. hisp. — ting. exsicc., excl.
syn. Poir.*). — Pedunculi axillares vel alares, erecti,
densè glanduloso-pubescentes, foliis longiores, bi-oc-
toflori. Involucrum monophyllum, membranaceum, lobatum. Flores parvi. Sepala villoso-glandulosa, oblonga,
breviter apiculata, versùs anthesim campanulata, non in
stellam congenerum more expansa. Petala calyce breviora, pallidè lilacina, subæqualia, elliptica, in unguem
angustum barbulatumque contracta. Staminum filamenta
alba, subulata, erecta ; antheræ cordato-orbiculatæ, vio-
laceæ. Stigmata lineari-oblonga, albida. Capsellæ pilis
albis et sursùm versis vestitæ, apice foveis geminis
glabris plicâ unicâ circumdatis instructæ ; rostrum bi-
pollicem et ultrà longum. Semina levia. Cotyledones
pinnatisectæ, lobis remotis. Folia viridia, subtùs villosula, ciliata, folia *Scandicis* referentia, omnia pinnatisecta, segmentis alternis, ovalibus, pinnatipartitis et in
lacinias lineares acutas divisis ; inferiora longè petiolata;
superiora valdè inæqualia, alium minus sessile ovatum,

alterum petiolatum oblongum ; stipulæ membranaceæ, albidæ, lanceolatæ. Caules herbacei, prostrati vel ascendentes, supernè glanduloso-pilosi. — Circà Tingidem spontè crescens.

Erodium Salzmanni *Delile, Ind. sem. hort. Monsp.* 1858, *p.* 6 (*E. viscosum Salzm. pl. hisp. — tingit. exsicc.; E. Chœrophyllum Coss. not. pl. Esp. p.* 52, *non Cav.*). — Pedunculi axillares, erecti, crassiusculi, viscoso-glandulosi, multiflori, foliis longiores. Involucrum monophyllum, scariosum, lobis rotundatis ciliolatis. Flores non magni. Sepala villosa glandulosaque, oblonga, reticulato-venosa, ciliata, margine angustè scariosa, breviter apiculata. Petala calycem æquantia, rosea, subtùs pallidiora, inæqualia, omnia obovata, apice truncata, versùs basim subcordato-auriculata et abruptè in unguem gracilem et barbulatum contracta, omnia venis 3-5 violaceis suprà unguem picta. Staminum filamenta rosea, erecta ; antheræ oblongæ, atratæ. Stigmata patula, augustè linearia, brevia, rubida. Capsellæ pilis laxis sursùm versis munitæ, apice foveis geminis glabris plicâ unicâ circumdatis instructæ ; rostrum sesquipollicare et ultrà. Semina levia. Cotyledones pinnatisectæ. Folia utrinquè villosa, omnia ovalia, bi-tripinnatisecta, segmentis primariis ovatis et approximatis ; folia radicalia petiolata, in terram expansa ; caulina valdè inæqualia ; stipulæ latè ovatæ, acuminatæ, membranaceæ. Caules crassiusculi, pubescentes, prostrati. Radix annua, perpendicularis. — Planta Hispaniâ australi oriunda.

Erodium stellatum *Delile, Ind. sem. hort. Monsp.* 1838, *p.* 6, *icon.* — Pedunculi axillares vel alares, erecti, graciles, elongati, foliis sæpè triplò longiores, multiflori, pilis articulatis et pilis glandulosis villosi. Involucrum monophyllum, membranaceum, lobulatum, lobulis acuminatis reflexis. Flores speciosi, magni. Sepala villosa, cinerea, lineari-oblonga, reticulato-venosa, margine angustè scariosa, ciliolata, apice barbata, breviter apiculata. Petala calyce duplò triplòve longiora, inæqualia, saturatè rosea ; superiora suborbiculata, in unguem brevem villosumque abruptè contracta, basi subtùs maculâ magnâ obovatâ atratâ alboque angustè marginatâ picta; petala inferiora longiora, maculâ basilari destituta, obovata, apice rotundata. Staminum filamenta purpurea, subulata ; fertilia basi villosa, à medio extrorsùm arcuata patentiaque. Stigmata violacea, patula, angusta, longiuscula. Capsellæ pilis fulvis sursùm versis vestitæ, foveis geminis glandulosis plicâque unicâ circumdatis instructæ ; rostrum sesquipollicem longum. Semina levia, Cotyledones.... Folia omnia petiolata, utrinquè villosula, circumscriptione oblonga, pinnatisecta, segmentis ovato-lanceolatis pinnatipartitis , lobis dentatis incisisve , ciliolatis ; stipulæ latè ovales. Caules plus minus villosi, diffusi. Radix annua. — Patria ignota.

Erodium touchyanum *Delile, in Godr. fl. juv. ed.* 1, *p.* 15. — Ad *Erodium stellatum* proximè accedit, sed differt floribus triplò minoribus ; pedunculis minus elongatis ; sepalis ellipticis, longiùs apiculatis ; petalis lon-

gitudine æqualibus, calycem tertià parte superantibus,
omnibus in unguem angustum abruptè contractis, exau-
riculatis, et suprà unguem maculâ hexagonâ insignibus ;
foliis tenuissimè dissectis, superioribus ovalibus sub-
sessilibusque ; habitu graciliori. — Patria ignota.

Erodium atomarium *Delile, in Godr. fl. juv. ed.* 1, *p.* 15
(*E. maculatum Salzm. pl. hisp. — ting. exsicc.*). —
Pedunculi axillares, patuli, villosuli, foliis duplò triplòve longiores, multiflori. Involucrum monophyllum,
membranaceum, lobis triangularibus patulis. Flores majusculi. Sepala lineari-oblonga, ad nervos villosa, mem-
branâ scariosâ marginata, brevissimè apiculata. Petala
calyce duplò longiora, rosea, valdè inæqualia, superiora
minora, latè ovata vel subrotunda, in unguem barbatum
contracta, suprà basim maculis geminatis ovatis sæpè
confluentibus purpureis nigroque tenuissimè punctatis
picta ; petala inferiora elliptica , sæpiùs immaculata.
Staminum filamenta dilutè rosea, subpatula ; antheræ
oblongæ, atrosanguineæ. Stigmata linearia, longiuscula,
rubida. Capsellæ pilis albis sursùm versis vestitæ, foveis
geminis glandulosis plicâque unicâ circumdatis instructæ ; rostrum sesquipollicem longum. Semina levia. Cotyledones pinnatifidæ, 5-7 lobis approximatis. Folia
viridia, villosula, circumscriptione oblonga, pinnatisecta,
segmentis ovalibus pinnatifidis, lobulis inciso-dentatis ;
stipulæ membranaceæ, lanceolatæ. Caules diffusi. Radix
annua. — *E. pimpinellæfolium D. C.* maculis petalorum ad speciem suprà descriptam accedit, sed differt

(71)

petalis calycem vix superantibus, subæqualibus, obova-
tis ; foveis capsellarum haud glandulosis ; cotyledonibus
trilobis (in Florâ nostrâ gallicâ quinquelobis falsè indicatis). — In regno maroccano planta indigena.

ERODIUM MOSCHATUM *L'her. var. cicutarioïdes Delile,
ined.* — Folia tenuiùs dissecta. Cotyledones pinnatisectæ,
lobis remotis.

ERODIUM VERBENÆFOLIUM *Delile, Ind. sem. hort. Monsp.
1847, p. 7.* — Pedunculi axillares vel alares, patuli,
villosi, multiflori, foliis longiores. Involucrum parvum,
membranaceum, lobis acuminatis ciliatis. Flores non
magni. Sepala dorso pilosa, elliptica, margine scariosa
ciliataque, brevissimè aristata. Petala subæqualia, calycem paululùm superantia, rubra, obovata, in unguem
pilosulum attenuata. Antheræ ovatæ. Capsellæ pilis
fulvis sursùm versis vestitæ, foveis geminis glabris plicâque unicâ approximatâ circumdatis instructæ ; rostrum
sesquipollicem et ultrà longum. Semina levia. Cotyledones trilobatæ. Folia viridia, subtùs villosula ; radicalia
in orbem expansa, angustè-oblonga, petiolata, lyrato-
pinnatisecta, segmentis ovalibus vel lanceolatis, inciso-
dentatis, inferioribus remotis alternisque, superioribus
confluentibus ; folia superiora inæqualia, sessilia, ovata
vel oblonga, segmentis paucis, profundiùs incisis ; stipulæ albidæ, ovales, acutæ. Caules prostrati, villosi,
ramosi. Radix annua. — Patria ignota.

ERODIUM LACINIATUM *Cav. forma genuina.* Planta mediterranea , sed Occitaniæ aliena.

Erodium laciniatum *var. pulverulentum (E. pulverulentum Cav. Diss.* 5, *p.* 272, *tab.* 125, *t.* 1, *non Desf.*).
Planta hispanica.

Erodium littoreum *Léman, in D. C. fl. fr.* 4, *p.* 843.
Planta gallica, sed agro monspeliensi aliena.

Erodium Botrys *Bertol. var. brachycarpum.* — Distinguitur à formâ genuinâ fructûs rostro dupló breviore.

Erodium ciconium *Willd. var. minor Delile, herb.* —
Forma nana, foliis tenuiter et profundiùs dissectis insignis.

Erodium gruinum *Willd. Sp.* 3, *p.* 633. Planta Hispaniæ et Africæ borealis.

Erodium neuradæfolium *Delile, in Godr. fl. juv. ed.* 1, *p.* 17. — Pedunculi axillares et alares, erecti, graciles, pubescentes, multiflori, foliis longiores. Involucrum parvum, membranaceum, lobulis obtusis ciliolatis. Flores parvi. Sepala oblonga, cinereo-pubescentia, brevissimè apiculata. Petala calyci æqualia vel calyce breviora, rosea, inter se inæqualia, obovato-cuneiformia; unum alterumve petalum abortu sæpiùs deficiens. Staminum filamenta rosea, subulata, erecta; antheræ latè ovato-cordatæ, griseæ. Stigmata brevia, angusta, rosea. Capsellæ pilis sursùm versis vestitæ, foveis geminis glabris et plicâ unicâ circumdatis instructæ; rostrum 12-15 lineas longum. Semina levia. Cotyledones integræ, ovatæ, basi obliquè cordatæ. Folia tenuia, viridia, pubescentia, omnia petiolata, cordato-ovata, pinnatifida, lobis inciso-dentatis; stipulæ albidæ, lanceolatæ, Caules pubescentes, prostrati vel ascendentes. Radix annua. — Patria ignota.

Classis II. — CALYCIFLORÆ.

—

PAPILIONACEÆ (*L.*).

Anthyllis Hermanniæ *L. Sp.* 1014. In insulis mediterraneis indigena.

Medicago radiata *L. Sp.* 1096. Italiâ et Oriente planta oriunda.

Medicago secundiflora *Durieu in Duch. Rev. bot.* 1, *p.* 565 (*M. Lupulina* β *macrocarpa Delile, herb.*). In Mauritaniâ spontè crescit, ubi propè Saïda et Constantine reperta est à celeb. Durieu.

Medicago (Falcago) aurantiaca *Godr. fl. juv. ed.* 1, *p.* 17. — Flores numerosi, in racemo pedunculato, oblongo, infernè laxiusculo dispositi ; pedunculus folio duplò longior ; pedicelli tubum calycinum æquantes. Calycis dentes angustæ, longè acuminato-subulatæ, tubum superantes. Corolla aurantiaca ; vexillum carinâ longius ; carina alis brevior. Legumen hucusquè nobis ignotum. Folia molliter villosa, foliolis angustis, linearibus, basi attenuatis, apice tridentatis vel rariùs quinque-dentatis, cæterum integris ; stipulæ lanceolatæ, acuminatæ. Caules in orbem expansi, angulati, ramosissimi. Radix perennis. — E Portu-Juvenali in hortum botanicum monspeliensem translata hæc species quotannis abundè floruit, sed fructus hucusquè non peperit. — Patria ignota.

MEDICAGO ORBICULARIS *All. var. microcarpa D C. Prodr.* 2, *p.* 174. In agro monspeliensi nondùm reperta.

MEDICAGO LACINIATA *All. var. integrifolia Nob.* — Foliolis non incisis. Hanc varietatem in Ægypto propè Kairum legit Husson.

MEDICAGO GRANATENSIS *Willd. Enum. p.* 805 (*M. globifera Delile, herb.*). In Hispaniâ australi indigena.

MEDICAGO CILIARIS *Willd. Sp.* 5, *p.* 1411. Planta mediterranea, sed agro monspeliensi aliena.

MEDICAGO ECHINUS *D. C. Fl. fr.* 4, *p.* 546. In Italiâ et Africâ boreali indigena.

TRIGONELLA BESSERIANA *Ser. in D. C. Prod.* 2, *p.* 181. In Podoliâ australi et Bessarabiâ spontè crescit.

TRIGONELLA CAPITATA *Boiss. Diag.* 2, *p.* 17. In Phrygiâ spontè crescit, ubi nuperrimè invenit celeb. Boissier.

TRIGONELLA SPINOSA *L. Sp.* 1094. Planta cretica.

TRIGONELLA ASTROITES *Fisch. et Mey. Ind. hort. petrop.* 1835, *p.* 40. Planta provinciis transcaucasicis oriunda.

TRIGONELLA PINNATIFIDA *Cav. Icon.* 1, *p.* 26, *tab.* 38. In Hispaniâ indigena.

TRIGONELLA POLYCERATA *L. Sp.* 1095. Planta mediterranea, agro monspeliensi aliena.

TRIGONELLA MONANTHA *C. A. Mey. Ind. cauc. p.* 137. *var. foliis dentatis, incisis.* Planta caucasica.

MELILOTUS MESSANENSIS *Desf. Atl.* 2, *p.* 192. Planta mediterranea, agro monspeliensi aliena.

(75)

Trifolium gemellum *Pourr. in Willd. Sp.* 3, *p.* 1376.
Planta hispanica.

Trifolium tenoreanum *Boiss. et Sprun. Diagn.* 2, *p.* 26.
In Græciâ et Italiâ australi sponté crescens.

Trifolium supinum *Savi, Obs. Trif. p.* 46, *f.* 2. Planta
italica.

Trifolium cinctum *D C. Hort. Monsp. p.* 152. Planta
dalmatica.

Trifolium trichostomum *Godr. fl. juv. ed.* 1, *p.* 19. —
Capitula ovoïdea, solitaria, in apice caulis et ramorum
brevium insidentia, foliis duobus oppositis subsessilibus
involucrata. Calycis tubus adpressè pilosus, obconicus,
nervis 10 basi munitus, abruptè in limbum concavum
expansus, fauce plicis duobus labiatiformibus breviter
hispidis clausâ, dentibus inæqualibus, demùm patulis,
è basi triangulari acuminato-subulatis, apice spinulosis;
inferiore tubum superante. Corolla purpurea ; vexillum
lineari-oblongum, obtusum, alis longius ; alæ carinam
superantes. Legumen ovoïdeum, monospermum. Semen
lutescens, globosum, compressum, nitidum. Folia omnia petiolata, foliolis utrâque facie villosis, obovato-
oblongis, apice angustè emarginatis, basi cuneatis, sub-
edentulis ; stipulæ membranaceæ, venosæ, basi breviter
vaginantes, limbo lineari acuto ciliato. Caules patuli,
rubentes, rigidiusculi, versùs apicem breviter ramosi
simplicesve. Radix annua, gracilis. — Patria ignota.

Trifolium alexandrinum *L. Amœn.* 4, *p.* 286. Planta
Ægypto oriunda.

TRIFOLIUM BARBATUM *D C. Hort. Monsp.*, *p.* 150. Patria ignota.

TRIFOLIUM PANORMITANUM *Presl. Fl. sicul.* 1, *p.* 20. Planta mediterranea, agro monspeliensi aliena.

TRIFOLIUM FLAVESCENS *Tin. Pug. p.* 15. Planta italica.

TRIFOLIUM OLIVERIANUM *D C. Prodr.* 2, *p.* 197. In Asiâ minore spontè viget.

TRIFOLIUM SCUTATUM *Boiss. Diagn.* 2, *p.* 27. In montibus Smyrnæ celeb. Boissier unicum specimen legit majo 1842 ; Delilius alterum specimen in campestribus Por-tûs-Juvenalis invenit.

TRIFOLIUM MICHELIANUM *Savi, Fl. pis.* 2, *p.* 159. Floræ monspeliensi planta aliena.

TRIFOLIUM XEROCEPHALUM *Fenzl, Nov. stirp. syr. pug. p.* 5. Planta syriaca.

TRIFOLIUM VESICULOSUM *Savi, Fl. pis.* 2, *p.* 165. In Italiâ, Corsicâ, Caucaso, etc., spontè crescit.

TRIFOLIUM SPUMOSUM *L. Sp.* 1085. Planta mediterranea, agro monspeliensi aliena.

TRIFOLIUM PATENS *Schrad. ap. Sturm. Fl. germ. fasc.* 16. Planta Galliæ occidentalis, apud nos advena.

LOTUS ORNITHOPODIOÏDES *L. Sp.* 1091. Planta mediterra-nea, Occitaniæ aliena.

PSORALEA PLUMOSA *Rchb. Fl. excurs.* 869. Floræ corsicæ et sardoæ civis.

ASTRAGALUS CRUCIATUS *Link, Enum.* 2, *p.* 256. In Iberiâ et Ægypto spontè crescens.

ASTRAGALUS TRIBULOÏDES *Delilc , Ill. fl. ægyp. p.* 22. Planta ægyptiaca.

Astragalus epiglottis *L. Mant.* 274. Planta mediterranea, agro monspeliensi aliena.

Astragalus juvenalis *Delile, Ind. sem. hort. Monsp.*, 1836, *p.* 22. — Flores 8-20, brevissimè pedicellati, in racemo ovato vel oblongo, laxo, longè pedunculato, folium æquante vel superante dispositi ; brateolæ albidæ, pubescentes, lanceolatæ, pedicello subæquales. Calyx subcylindricus, pube nigrâ adpressâ conspersus, dentibus subulatis tuboque triplò brevioribus. Corolla purpurascens ; vexillum apice emarginatum, prominens. Legumen ascendens, pollicem longum, falcatum, lateraliter compressum, et marginem inferiorem canaliculatum, glabrum, leve, apiculatum, pericarpio tenui et intùs arachnoïdeo. Semina parva, fusca, reniformia, depressa. Folia glaucescentia, glabriuscula, petiolata, pinnata, foliolis 13-17, oblongis, truncato-emarginatis ; stipulæ basi petiolo inermi adnatæ, albidæ, lanceolatæ. Caulis erectus, fistulosus. Radix annua, gracilis. — Patria ignota.

Scorpiurus sulcata *L. Sp.* 1050. Planta mediterranea, sed Floræ gallicæ aliena.

Scorpiurus acutifolia *Viv. Fl. lyb.* 45, *tab.* 19, *f.* 4. In Lybiâ et Corsicâ sponiè crescit.

Hippocrepis bicontorta *Lois. Nouv. not.* 52 *et Fl. gall.* 2, *p.* 162, *tab.* 28 (*H. cornigera Boiss. Diagn.* 2, *p.* 102).

α fructibus glabris (*H. buceras Delile, herb.*).

β fructibus velutinis (*H. velutina Delile, herb.*).

Planta in Ægypto et Arabiâ petræâ indigena.

Hedysarum spinosissimum *L. Sp.* 1058. Planta mediterranea, Occitaniæ aliena.

Hedysarum capitatum *Desf. Atl.* 2, *p.* 177. Planta mediterranea, apud nos advena.

Onobrychis Crista-galli *Lam. Fl. fr.* 2, *p.* 652. In Africâ boreali indigena.

ONAGRARIÆ *(Juss.)*.

Jussiæa grandiflora *Mich. Fl. amer. bor.* 1, *p.* 267. Herba Americâ boreali profuga, in aquis Ledi propagata, nunc adeò luxuriat, ut navicularum motum impediat.

CUCURBITACEÆ *(Juss.)*.

Cucumis Citrullus *Ser. in D C. Prod.* 3, *p.* 301. In Apuliâ, Siciliâ, Ægypto, Mauritaniâ, etc. vulgò cultus.

PARONYCHIEÆ *(St. Hil.)*.

Paronychia arabica *D C. Hort. Monsp. p.* 130. In Arabiâ et Ægypto spontè crescit.

Loeflingia hispanica *L. Sp. p.* 50. Planta hispanica.

UMBELLIFERÆ *(Juss.)*.

Eryngium dichotomum *Desf. Atl.* 1, *p.* 226. *tab.* 55. In Mauritaniâ, Siciliâ, Cretâ, Libano, Asiâ minore, Caucaso, etc. spontè crescit.

Bupleurum glaucum *Rob. et Cast. in D C. Fl. fr. suppl. p.* 515. Planta mediterranea, agro monspeliensi aliena.

Bupleurum glumaceum *Sm. in Sibth. Prodr.* 1, *p.* 177.

(79)

In insulis Archipelagi, in Cretâ, Cypro, Thraciâ indigenum.

BUPLEURUM ODONTITES *L. Sp.* 542. Italiæ australioris,
Græciæ, Smyrnæ, Mauritaniæ civis.

RIDOLFIA SEGETUM *Moris, Enum. sem. hort. Taurin.* 1841,
p. 43. In Lusitaniâ, Mauritaniâ, Sardiniâ, Græciâ, etc.
spontè crescit.

CYMINUM ÆGYPTIACUM *Mérat in D C. Prodr.* 4, *p.* 201.
Planta ægyptiaca.

DAUCUS MURICATUS *L. Mant.* 392. Planta mediterranea,
sed Floræ gallicæ aliena.

DAUCUS PARVIFLORUS *Desf. Atl.* 1, *p.* 241, *tab.* 60. Planta
mauritanica.

DAUCUS MAXIMUS *Desf. Atl.* 1, *p.* 241. In Africâ boreali,
Hispaniâ, Sardiniâ, Corsicâ indigenus.

DAUCUS HISPIDUS *Desf. Atl.* 1, *p.* 243, *tab.* 63. In Africâ
boreali, Hispaniâ australi, Lusitaniâ spontè crescit.

DAUCUS GRANDIFLORUS *Desf. Atl.* 1, *p.* 240, *tab.* 59.
Planta mauritanica.

DAUCUS AUREUS *Desf. Atl.* 1, *f.* 232, *tab.* 61. In Mauritaniâ, Siciliâ, Calabriâ indigenus.

DAUCUS GRACILIS *Steinh. Ann. sc. nat.* 9, *p.* 203, *tab.* 8.
Planta mauritanica.

SCANDIX HISPANICA *Boiss. et Reut. Ann. sc. nat. ser.*
5, *t.* 2, *p.* 57. Planta mediterranea, agro monspeliensi
aliena.

RUBIACEÆ (*Juss.*).

CRUCIANELLA PATULA *L. Sp.* 602. Planta hispanica.

GALIUM PEDEMONTANUM *All. Auct. p.* 2. In Hispaniâ et Pedemontio indigenum.

VAILLANTIA HISPIDA *L. Sp.* 1490. In Africâ boreali, Hispaniâ australi, Teneriffâ, insulis Balearibus, spontè crescit.

VALERIANEÆ (*D C.*).

VALERIANELLA CHLORODONTA *Durieu, ined.* Planta mauritanica.

DIPSACEÆ (*Vaill.*).

DIPSACUS LACINIATUS *L. Sp.* 141. Floræ monspeliensi alienus.

DIPSACUS FEROX *Lois. Fl. gall.* 719. *tab.* 3. Planta sardoa et corsica.

DIPSACUS FULLONUM *Mill. Dict. n.* 1. In agro monspeliensi non colitur.

CEPHALARIA TATARICA *Schrad. Cat. sem. hort. Gœtt.* 1814. In pratis subalpinis Caucasi indigena.

CEPHALARIA TRANSYLVANICA *Schrad. l. c.* A Gallo-provinciâ ad Bizantium crescit, sed Floræ monspeliensi aliena.

SCABIOSA CUPANI *Guss., Prodr.* 1, *p.* 160. Planta sicula.

CALYCEREÆ (*R. Brown*).

ACICARPHA TRIBULOÏDES *Juss. Ann. mus.* 2, *p.* 348, *tab.* 58, *f.* 1. In Bonariâ spontè crescit.

ACICARPHA SPATHULATA *R. Brown, Comp.* 129. In Brasiliâ indigena.

COMPOSITÆ (*Vaill.*).

ERIGERON CANADENSE *L. Sp.* 1211. Americâ boreali planta oriunda, per totam Europam migravit et partem Asiæ et Africæ invasit.

MICROPUS SUPINUS *L. Sp.* 1313. In Hispaniâ, Mauritaniâ, Oriente indigenus.

MICROPUS BOMBYCINUS *Lag. Nov. gen. et sp. p.* 32. Planta mediterranea, agro monspeliensi aliena.

XANTHIUM ITALICUM *Moretti, Dec.* 5, *p.* 8. Planta italica.

SPILANTHES BLEPHARICARPA *D C. Prodr.* 5, *p.* 621. Planta brasiliensis.

COTA TINCTORIA *Gay, in Guss. Syn.* 2, *p.* 867. Planta Floræ monspeliensi aliena.

CHAMOMILLA FUSCATA *Godr. et Gren. Fl. fr.* 2, *p.* 151. Planta mediterranea, sed Occitaniæ aliena.

CYRTOLEPIS ALEXANDRINA *D C. Prodr.* 6, *p.* 17. In Ægypto circà Alexandriam spontè crescit.

CLADANTHUS PROLIFERUS *D C. Prodr.* 6, *p.* 18. In Africâ boreali propè Tlemcen et Mogador herbarii tantummodò hucusquè legerunt.

ACHILLEA COARCTATA *Poir. Dict. suppl.* 1, *p.* 94. In Bessarabiâ indigena.

ACHILLEA LIGUSTICA *All. ped.* 1, *p.* 181, *tab.* 53, *f.* 2. Planta italica corsicaque.

MATRICARIA DISCIFORMIS *D C. Prodr,* 6, *p.* 51. In Caucaso et Persiâ spontè crescit.

PYRETHRUM MYCONIS *Mœnch, Suppl.* 287. Planta mediterranea, agro monspeliensi aliena.

PINARDIA CORONARIA *Less. Syn.* 255. Planta mediterranea, Occitaniæ aliena.

PINARDIA ANISOCEPHALA *Cass. Dict.* 41, *p.* 39. Planta hispanica.

ARTEMISIA ARBORESCENS *L. Sp.* 1188. Planta mediterranea, agro monspeliensi aliena.

ARTEMISIA ABSINTHIUM *L. Sp.* 1188. Colitur, sed non spontè crescit in Occitaniâ.

ARTEMISIA VULGARIS *L. Sp.* 1188. Planta gallica, sed agro monspeliensi aliena.

FILAGO CANDOLLEANA *Parlat. Obs. in nonnull. evac. fil. sp. in Giornale toscano* 1841, *N°* 2. In Siciliâ, Lucaniâ et Mauritaniâ indigena.

SENECIO CRASSIFOLIUS *Willd. Sp.* 3, *p.* 1982. Planta mediterranea, agro monspeliensi aliena.

SENECIO VERNALIS *Waldst. et Kit. Hung.* 1, *p.* 23, *tab.* 24, *var. caucasicus D C.* Planta caucasica.

SENECIO NEBRODENSIS *L. Sp.* 1217. Planta sicula.

CALENDULA STELLATA *Cav. Icon.* 1, *p.* 3, *tab.* 5. Patria incerta.

Calendula fulgida *Raf. Caratt. p.* 83. Planta sicula.

Calendula ægyptiaca *Desf. Cat. hort. Par.* 1804, *p.* 100. Planta ægyptiaca.

Calendula bicolor *Raf. Caratt. p.* 82. Planta Siciliæ civis.

Calendula parviflora *Guss. Fl. sicul.* 2, *p.* 523, *var. discolor Nob.* — Radío aurantiaco , disco purpurascente.

Calendula gracilis *D C. Prodr.* 6, *p.* 453. Planta Persià et Ægypto oriunda.

Calendula persica *C. A. Mey. Verz. p.* 72. In Persià et Arabià indigena.

Amberboa muricata *D C. Prodr.* 6, *p.* 559. Planta hispanica.

Amberboa Lippii *D C. Prodr.* 6, *p.* 559. In desertis Arabiæ, Ægypti, Barbariæ, Teneriffæ indigena.

Microlonchus delilianus *Spach, An. sc. nat. ser.* 3, *t.* 4, *p.* 165 (*M, foliosus Delile, herb.*). Patria ignota.

Microlonchus tenellus *Spach, l. c.* Planta sicula.

Crupina Morisii *Boreau, Fl. cent. ed.* 2, *t.* 2, *p.* 592. Planta mediterranea, Floræ monspeliensi aliena.

Centaurea involucrata *Desf. Atl.* 2, *p.* 293. Planta atlantica.

Centaurea parviflora *Desf. Atl.* 2, *p.* 301. Planta mauritanica.

Centaurea diffusa *Lam. Dict.* 1, *p.* 675. In campestribus apricis Tauriæ, Archipelagi et ad ripas Bosphori indigena.

CENTAUREA DIFFUSO-JACEA *Godr. fl. juv. ed.* 1, *p,* 25 (*C. juvenalis Delile, herb.*). — Calathidia in apice ramorum solitaria, in racemo laxo, ramosissimo, patente disposita. Involucrum ovoïdeum, basi rotundatum, squamis laxè imbricatis, pallidis, nervatis, appendice fulvâ triangulari ciliatâ et in spinulam brevem attenuatâ terminatis; spinulâ ciliis haud longiore. Flores purpurei; externi radiantes. Akenia sœpiùs abortiva. Folia incano-viridia, tenuiter tomentosa, marginibus asperrima; caulina pinnatisecta, segmentis remotis, linearibus, acutis, mucronatis; ramealia parva, angusta, linearia, basi attenuata. Caules erecti, patuli, graciles, albidi et asperi. — Planta è Portu-Juvenali à Delilio in hortum monspeliensem, anno 1838, translata est et hæcce forma primaria suprà descripta. Ægrè fructus peperit et quotannis semina pauca fertilia ad maturitatem perduxit, ut ex notis in herbario à Delilio inscriptis patet. Pluribus annis è seminibus culta, quoad habitum et notas distinctas sensìm mutata est, et jam anno 1844 ad typum paternum, id est, ad *C. Jaceam,* evidenter proximè accedebat. Etenim specimina anno 1844 lecta magnitudine calathidiorum cum *C. Jaceâ* æmulantur; involucris squamæ arctè imbricatæ sunt et ciliis tenuioribus, eximiè approximatis, cilio terminali inermique longioribus marginatæ; folia pubescentiâ incanâ sunt nudata, et caulina latiora, lanceolata, amplexicaulia evadunt; caules robustiores, erecti, virides, in ramos erecto-patulos et apice incrassatos divisi apparent.

Centaurea elongata *Schusb. Marocc.* 199. In Barbariâ
circà Tingidem et Mogador crescit.

Centaurea verutum *L. Amœn.* 4, *p.* 292. In Oriente
indigena.

Centaurea eriophora *L. Sp.* 1296. Planta lusitanica.

Centaurea sinaïca *D C. Prodr.* 6, *p.* 592. In monte
Sinaï spontè crescit.

Centaurea sulphurea *Willd. Enum.* 391. Planta hispanica.

Centaurea lappacea *Ten. Syll. p.* 450. Planta italica.

Centaurea fuscata *Desf. All.* 2, *p.* 502, *tab.* 244. In
Mauritaniâ, Siciliâ, Sardiniâ spontè crescit.

Centaurea ægyptiaca *L. Mant.* 118. In Ægypti desertis circà Kahirum indigena.

Centaurea pallescens *Delile, Fl. œg.* 134, *tab.* 49, *f.* 1.
Planta ægyptiaca.

Centaurea iberica *Trev. in Spreng. Syst.* 5, *p.* 406. In
Iberià, Caucaso, Armeniâ indigena.

Centaurea Delilei *Godr. fl. juv. ed.* 1, *p.* 27 (*C. prolifera Delile, non Vent.*). — Calathidia sessilia vel subsessilia, aggregata nunc in apice axis primarii, nunc in
summis ramis qui eum supereminent. Involucrum ovoïdeum , glabrum, squamis imbricatis , lutescentibus ,
nitidis, spinâ tenui subulatâ, demùm patulâ, squamam
æquante et basi spinulis brevioribus remotiusculis mu-
nitâ instructis. Flores lutei , externi radiantes. Folia
pubescentia : caulina media petiolata, lyrato-pinnatisecta,

segmentis ovalibus integris vel sinuato-dentatis, terminali majore; rachide sæpè dente uno alterove munito ; folia ramealia sessilia , auriculato-amplexicaulia , sinuato-pinnatifida. Caulis bi-tripollicaris, erectus, apice ramosus; ramis divaricatis. Radix annua, gracilis. — *C. prolifera Vent.* differt : foliorum segmentis lineari-oblongis, sed imprimis squamis involucri palmato-spinulosis et non pinnato-spinulosis ut in *C. Delilei.* — Patria ignota.

Centaurea pseudophilostizus *Nob.* — Calathidia solitaria in apice ramorum, bracteisque foliaceis lineari-lanceolatis suffulta. Involucrum ovoïdeum , arachnoïdeum, squamis adpressè imbricatis, viridibus, in appendicem patulam et fasciculato-spinosam abeuntibus; spinis 9-13 gracilibus, aliis palmatìm, aliis super paginam superiorem appendicis erinaceè dispositis, terminali aliis longiore et squamam æquante. Flores dilutè purpurascentes; externi infundibuliformes, valdè radiantes. Akenia glabra, ovata, compressa, pappo piloso brevi coronata. Folia cinereo-viridia, leviter arachnoïdea, pinnatifido-dentata vel dentata, dentibus apice spinulosis ; caulina longè decurrentia, alâ undulatâ et sinuato-dentatâ. Caulis uni-bipedalis, à basi ramosus, ramis decumbentibus. Radix biennis. — A *C. romanâ* et omnibus speciebus sectionis *Seridiarum* differt spinis involucri fasciculatis divergentibusque. Proximè accedit ad *C. polyacantham;* sed differt capitulis arachnoïdeis et foliis longè decurrentibus. — Patria ignota.

(87)

Kentrophyllum glaucum *Fisch. et Mey. in D C. Prodr.*
6, *p.* 611. Planta caucasica.

Onopordon tauricum *Willd. Sp.* 3, *p.* 1687 (*O. virens
D C. Fl. fr. suppl.* 456.). In Tauriâ indigenum.

Onopordon taurico-acanthium *Nob.* — Adulterina pro-
les ex *O. taurico* patre et *O. Acanthio* matre nata. Capitula ferè prioris, folia albo-tomentosa alteri.

Carduus argyroa *Biv.-Bernh. Manip.* 1, *p.* 1. Planta
sicula.

Carduus sardous *D C. Prodr.* 6, *p.* 626. Planta sardoa
corsicaque.

Jurinea alata *Cass. Dict.* 24, *p.* 288. Planta caucasica.

Scolymus grandiflorus *Desf. Atl.* 2, *p.* 240, *tab.* 218.
Planta mediterranea, agro monspeliensi aliena.

Kælpinia linearis *B. araneosa D C. Prodr.* 7, *p.* 78.
Inter Bagdad et Mossul spontè crescit.

Rhagadiolus hedypnoïs *Fisch. et Mey. in D C. Prodr.*
7, *p.* 78. In Persiâ et Caucaso indigenus.

Hyoseris lucida *L. Mant.* 103. In Ægypto, Græciâ, Siciliâ crescit.

Hedypnoïs pendula *Willd. Sp.* 3, *p.* 1618. Planta mediterranea, agro monspeliensi aliena.

Catananche lutea *L. Sp.* 1142. Planta Barbariâ, Cretâ
et Oriente oriunda.

Hypochæris arachnoïdea *Poir. Dict.* 5, *p.* 572. Planta
mauritanica.

Hypochæris minima *Desf. Atl.* 2, *p.* 238. In Africâ boreali indigena.

ACHYROPHORUS DISCOLOR *Nob.* — Calathidia solitaria in
apice caulium. Involucrum cylindrico-oblongum , glabrum, squamis laxè imbricatis, margine albido-scariosis,
dorso nigricantibus ; interioribus corollas æquantibus ;
exterioribus minimis, apice subpatulis, leviter pubescentibus. Corollæ luteæ. Akenia omnia longè tenuiterque
rostrata, fusca, muricata ; pappus uniserialis, æqualis,
plumosus. Receptaculum palcis scariosis, angustè lanceolatis apiceque subulatis. Folia subglabra ; radicalia
longè petiolata, obovato-oblonga et integra vel pinnatifida ; caulina remota, minima, linearia, squamæformia.
Caules 3-4 pollicares, graciles, ascendentes, simplices
vel basi ramosi, apice non incrassati. Radix.... — Patria
ignota.

METABASIS ÆTHNENSIS *D C. Prodr.* 7, *p.* 307. Planta
mediterranea, agro monspeliensi aliena.

SERIOLA LÆVIGATA *L. Sp.* 1139. In Siciliâ et Mauritaniâ
spontè crescit.

THRINCIA NUDICAULIS *Lowe, Prim. fl. mad.* N° 47. In
Hispaniâ, Maderâ, Africâ boreali indigena.

KALBFUSSIA SALZMANNI *Schultz, Ann. sc. nat.* 1834, *p.*
578. Planta tingitana.

KALBFUSSIA MULLERI *Schultz. l. c.* Planta sardoa.

PICRIS SPRENGERIANA *Lam. Dict.* 5, *p.* 510. Planta mediterranea, agro monspeliensi aliena.

PICRIS ALTISSIMA *Delile, Fl. œgypt.* 116, *tab.* 41, *f.* 2.
In insulis niloticis Ægypti spontè crescit.

PICRIS PILOSA *Delile, Fl. œgypt.* 116, *tab.* 41, *f.* 1. In
Ægypto indigena.

BARKHAUSIA GLANDULOSA *Presl, Fl. sic. p.* 31. In Siciliâ
et regno neapolitano indigena.

BARKHAUSIA RADICATA *Godr. fl. juv. ed.* 1, *p.* 28. —
Calathidia antè anthesim nutantia, in pedunculo longo,
sulcato, apice demùm incrassato et piloso-glanduloso
solitaria; una alterave bracteola subulata paulò infrà
capitulum. Involucrum cinereum, breviter tomentosum,
glandulosum, foliolis linearibus acutis, nervo dorsali
crasso levique percursis; calyculus foliolis duplò brevioribus laxis constans. Corollæ flavæ; exteriores extùs
purpurascentes. Akenia luteola, fusiformia, striata,
aspera; rostrum gracile, akenio brevius in fructibus mar-
ginalibus, longius in centralibus. Receptaculum villosum.
Folia radicalia numerosa, petiolata, in orbem expansa,
villosa, runcinato-pinnatifida, lobo terminali distincto et
triangulari-hastato; folia caulina pauca parvaque; superiora sessilia, haud amplexicaulia, linearia, acuta, versùs
basim 2–4 lobulata vel dentata; lobi dentesque foliorum
omnes apiculati. Caules numerosi, è basi prostrato ascendentes, flexuosi, ramosi, ramis patentibus. Radix
digiti crassitiem æquans, fusca, brevis et ramosa, biennis vel perennis. — Patria ignota.

BARKHAUSIA AMPLEXIFOLIA *Godr. fl. juv. ed.* 1, *p.* 29.
— Calathidia pedunculata, in racemo laxo subcorymboso
disposita, ramis axim primarium supereminentibus, pedunculis plus minus longis patulis pubescenti-glandulosis.
Involucrum cinereo-pulverulentum, squamis linearibus
acutis, nervo dorsali crasso percursis, glandulosis; ca-

lyculus squamis duplò brevioribus laxiusculisque constans. Corollæ flavæ; exteriores extùs purpurascentes,
Stigmata flava. Akenia fusiformia, tenuiter striata, aspera;
marginalia apice attenuata ; centralia in rostrum fructùs
longitudinem æquans. Receptaculum glabrum, alveola-
tum. Folia glabra vel ciliata, integra vel sinuato-dentata;
radicalia in petiolum attenuata ; caulina ovato-lanceolata,
basi cordato-auriculata et caulem amplectentia. Caules
ascendentes vel diffusi, flexuosi, pubescentes, ramosi.
Radix gracilis, annua. — Patria ignota.

BARKHAUSIA JUVENALIS *Delile, Ind. hort. Monsp.* 1856,
p. 25. — Calathidia solitaria, pedunculata ; pedunculi
elongati, antè anthesim jam erecti, sub apice démùm
incrassati et fistulosi, apice verò ipso contracti, araneoso-
pubescentes, bracteolà unicà sæpius suffulti. Involucrum primùm albo-tomentosum, glandulis destitutum,
squamis linearibus acutis et lineà pilorum rigidorum et
ascendentium dorso hispidis ; calyculus squamis inæqualibus, duplò brevioribus, subpatulis constans. Corollæ
saturatè luteæ, concolores. Stigmata lutea. Akenia fusca,
fusiformia ; marginalia pubescentia, erostria, striata,
haud aspera ; centralia longiora, glabra, striata, aspera,
rostrata, rostro akeniis breviore. Receptaculum villosum. Folia glabriuscula ; radicalia petiolata, erecto-patula, oblongo-lanceolata, sinuato-dentata vel sinuato-
pinnatifida ; caulina pauca, amplexicaulia, ad basim
dentata vel incisa. Caules patuli, simplices vel ramosi,
ramis erectis, axim primarium supereminentibus. Radix
annua, gracilis, ramosa. — Patria ignota.

Barkhausia vesicaria *Spreng. Syst.* 5, *p.* 652. In Cretâ
et agro byzantino indigena.

Crepis pauciflora *Desf. Cat. hort. Par. ed.* 2, *p.* 103.
Planta ægyptiaca.

Crepis parviflora *Desf. Cat. hort. Par. ed.* 1, *p.* 88.
In Oriente indigena.

Picridium arabicum *Hochst. et Steud. in D C. Prodr.* 7,
p. 182. Planta arabica.

Zollikoferia chondrilloïdes *D C. Prodr.* 7, *p.* 183.
Planta mediterranea, Floræ gallicæ aliena.

Andryala tenuifolia *Tin. in D C. Prodr.* 7, *p.* 245.
Planta sicula.

Andryala nigricans *Poir. Voy.* 2, *p.* 228. Planta mauritanica.

CAMPANULACEÆ (D C.).

Specularia pentagonia *A. D C. Monogr. camp. p.* 344.
Planta orientalis.

Classis III. — COROLLIFLORÆ.

PRIMULACEÆ (Vent.).

Androsace maxima *L. Sp.* 203. Planta gallica, sed in
agro monspeliensi post Gouanum non reperta.

SESAMEÆ (D C.).

Martynia lutea *Lindl. Bot. reg. tab.* 934. Planta brasiliensis.

CONVOLVULACEÆ (*Vent.*).

CONVOLVULUS TRICOLOR *L. Hort. cliff., p.* 19. In Mauritaniâ, Hispaniâ, Italiâ australi indigenus.

BORRAGINEÆ (*Juss.*).

ANCHUSA OFFICINALIS *L. Sp.* 191. Planta agro monspeliensi aliena.

LITHOSPERMUM MINIMUM *Moris, Sard. elench.* 2, p. 7. In aridis maritimis Sardiniæ australis spontè crescit.

CYNOGLOSSUM CLANDESTINUM *Desf. Atl.* 1, *p.* 159, *tab.* 42. In Africâ boreali, Hispaniâ, Sardiniâ, Siciliâ indigenum.

OMPHALODES MICRANTHA *D C. Prodr.* 10, *p.* 159. Planta sinaïca.

SOLENANTHUS LANATUS *A. D C. Prodr.* 10, *p.* 165. Planta mauritanica.

ROCHELIA STELLULATA *Rchb. Fl. exc.* 1, *p.* 346 (*Echinospermum cancellatum Delile , herb.*). In Hispaniâ, Oriente, Caucaso indigena.

SOLANEÆ (*Juss.*).

SOLANUM SISYMBRIIFOLIUM *Lam. Illustr. N°* 2386. In Brasiliâ et Peruviâ indigenum.

PHYSALIS FUSCO-MACULATA *De Rouville in D C. Prodr.* 13, *pars prima, p.* 437. Allatam è Buenos-Ayres Dunalius suspicatur.

Datura ferox *L. Amœn.* 5, *p.* 403. In Hispaniâ, Siciliâ, Indiâ spontè crescit.

Datura Metel *L. Sp.* 256. Planta peregrina, agro monspeliensi aliena.

Nicotiana plumbaginifolia *Viv. El. pl. h. di Negro, p.* 26, *icon.* Planta mexicana.

VERBASCEÆ (*Bartl.*).

Verbascum Schraderi *Mey. var. floribus albis.*

Verbascum crassifolium *Hoffm. et Link, Fl. port.* 1, *p.* 13, *tab.* 26. Planta lusitanica.

Verbascum salutans *Delile, Ind. hort. Monsp.*, 1847, *p.* 8. — Flores subsessiles, 3-5 glomerati, racemum basi laxum, simplicem vel sæpiùs ramosum fingentes, ramis elongatis, apice nutantibus, demùm erectis ; pedicelli inæquales, calyce breviores, tomento occultati ; bracteæ ovatæ, abruptè acuminatæ, decurrentes. Calyx tomentosus, profundè divisus in lobos angustè lanceolatos, acuminatos acutosque. Corollæ majusculæ, luteæ. Stamina eximiè inæqualia ; longiora filamentis parùm villosis, antheris longè decurrentibus seu lateralibus ; breviora filamentis lanâ luteolâ densè vestitis, antheris transversè insertis. Stylus apice spathulatus ; stigma in utrumque latus decurrens. Capsula ovoïdea, obtusa, tomentosa. Folia albo-cinerea, utrâque paginâ tomentosa ; radicalia oblonga, crenata, in petiolum attenuata ; caulina ovalia, abruptè acuminata, latè longèque decurrentia. Caulis erectus, ut tota planta densè tomentosus. — Patria ignota.

VERBASCUM LONGIFOLIUM *Ten. Fl. neap.* 1, *p.* 89, *tab.* 21, *non* **D C.** In Italiâ australi indigenum.

VERBASCUM OVALIFOLIUM *Donn in Sims. Bot. may. tab.* 1037 (*V. compactum Bieb. Fl. taur.-cauc.* 1, *p.* 159). In Tauriâ, Caucaso et Iberiâ spontè abundèque crescit.

VERBASCUM GLOMERATUM *Boiss. Diagn.* 4, *p.* 52 (*V. pannosum Delile, herb.*). In insulâ Zacyntho et in Macedoniâ indigenum.

VERBASCUM ERIOPHORUM *Godr. fl. juv. ed.* 1, *p.* 32 (*V. Alopecuros Delile, herb., non Thuill.*). — Flores breviter pedicellati, in glomerulis multifloris inter lanam albam densamque immersis dispositi, racemum simplicem, angustum, rectum, basi interruptum et valdè elongatum formantes ; pedicelli inæquales, calycem subæquantes, vestimento occultati. Calyx quinquepartitus, segmentis lanceolatis, acutis, demùm tomento denudatis. Corollæ majusculæ, luteæ. Stamina inæqualia, filamentis omnibus lanâ violaceâ plus minusve munitis ; antheræ staminum longiorum longè decurrentes, breviorum transversè insertæ. Stylus apice compressus. Stigma in utrumque latus decurrens. Capsulæ ovoïdeæ, obtusæ, demùm tomento nudatæ. Folia integra vel subcrenata, tomento lanuginoso detersibili vestita; inferiora ovato-lanceolata, acuta, in petiolum decurrentia ; folia media obovato-oblonga, amplexicaulia ; superiora cordata, abruptè acuminata. Caulis plerumquè simplex, erectus, mox vestimento nudatus. — Patria ignota.

VERBASCUM COTONEUM *Delile, in Godr. fl. juv. ed.* 1, *p.*

(95)

32. — Flores solitarii vel glomerati, remoti, in racemo
magno, laxo, ramosissimo, lanâ albidâ densâque cbducto
dispositi ; rami ascendentes ; pedicelli calyce breviores,
vestimento occultati. Calyx quinquepartitus , segmentis
lanceolatis acutis. Corollæ haud magnæ, luteæ. Stamina
subæqualia , filamentis albo-lanatis , antheris omnibus
transversè insertis. Stylus apice spathulatus, basi villosus. Stigma in utrumque latus decurrens. Capsulæ.....
Folia integra vel crenata, in utrâque paginâ tomento
denso crassoque, haud detersibili, albido vel lutescente
vestita ; inferiora ovata vel lanceolata, acuta, in petiolum attenuata ; caulina numerosa, patentia reflexave, basi
cordato caulem amplectentia, abruptè longèque acuminata. Caulis erectus, ramosus, lanatus. — Patria
ignota.

Verbascum bracteolatum *Delile, Ind. hort. Monsp. suppl.*
1840, *p.* 4. —Flores in glomerulis paucifloris distinctis
aggregati, et in racemo ramoso dispositi, ramis ascendentibus ; pedicelli calyce breviores, tomento albido ob-
tecti ; bracteæ calycem æquantes vel superantes, ovatæ,
acuminatæ, membranaceæ, antè anthesim jam glabrescentes et stramineæ, undè racemus variegatus apparet.
Calyx quinquepartitus, segmentis lanceolatis acutis. Corollæ magnæ, luteæ. Stamina subæqualia, filamentis albo-
lanatis, antheris omnibus transversè insertis. Stylus apice
spathulatus. Stigma in utrumque latus decurrens. Capsulæ
ovoïdæ, obtusæ, demùm glabrescentes. Folia molliter
tomentosa, canescentia, tenuiter crenata ; radicalia ova-

to-oblonga, in petiolum attenuata ; caulina ovalia, acuminata, semidecurrentia in alam basi rotundatam. Caulis ramosus, ut tota planta albo - tomentosus. — Patria ignota.

VERBASCUM ARGENTATUM *Delile, in Godr. fl. juv. ed.* 1, *p.* 33. — Flores in glomerulis paucifloris, remotis aggregati et in racemo eximiè laxo dispositi; pedicelli crassiusculi, lanati, brevissimi. Calyx magnus, bracteolas superans, quinquepartitus, segmentis lanceolatis, longè acuminatis, acutis, fructui adpressis. Corollæ magnæ, luteæ, lobo inferiore majore, obovato, concavo. Stamina subæqualia, filamentis lanâ lutescente vestitis, antheris omnibus transversè insertis. Stylus apice compressus. Stigma angustum, in utrumque latus decurrens. Capsulæ ovoideæ, obtusæ. Folia crassiuscula, densè tomentosa, cinerascentia; radicalia petiolata, oblonga, sinuato-pinnatifida, margine undulata, lobis rotundatis; caulina inferiora subsessilia, lanceolata, basi attenuata, subsinuata; superiora ovato-lanceolata, acuminata, basi ampliato semi-amplexicaulia. Caulis erectus, ut tota planta tomentosus. — Patria ignota.

VERBASCUM GNAPHALOÏDES *Bieb. Fl. taur.-cauc. suppl. p.* 152. In Tauriâ australi et ad littora armeniaca Maris Nigri indigenum.

VERBASCUM SIMPLEX *Labill. Pl. syr. dec.* 4. *p.* 10. *tab.* 5 (*V. leptostachium D C. Fl. fr. suppl. p.* 415). In Syriâ et Italiâ australi indigenum.

VERBASCUM MUCRONATUM *Lam. Dict.* 4, *p.* 218 (*V. can-*

didissimum D C! Fl. fr. suppl. p. 413). In Asiâ minore
spontè crescit.

Verbascum adenophorum *Godr. fl. juv. ed.* 1, *p.* 34.
(*V. glandulosum Delile, Ind. hort. Monsp.* 1849, *p.* 4,
non Thore). — Flores glomerati vel superiores solitarii,
glomerulis paucifloris, eximiè remotis, in paniculâ ramo-
sissimâ dispositis ; rami patenter ascendentes, flexuosi
rigidique, versùs apicem filatim attenuati, tomento laxo
glandulisque permixto vestiti ; pedicelli calycem æquantes
vel calyce breviores. Calyx parvus, pilis articulatis et
apice glandulosis marginatus, quinquepartitus, segmentis
lanceolatis, acutis ; bracteæ parvæ, eodem more glandu-
losæ. Corollæ majusculæ, luteæ. Stamina inæqualia, filamentis albo-lanatis, antheris omnibus transversè insertis.
Stylus apice spathulatus. Stigma lunatum. Capsulæ minimæ, ovoïdeæ, obtusæ, demùm glabrescentes. Folia
cinereo-viridia, in utrâque paginâ tomentella ; radicalia
crenulata, oblonga, acuta, in petiolum decurrentia ; caulina lanceolata, acuta, basi auriculato amplexicaulia.
Caulis ramosus. — Patria ignota.

Verbascum pinnatifidum *Vahl, Symb.* 2, *p.* 39. In Græciâ, Asiâ minore et Tauriâ indigenum.

Verbascum ceratophyllum *Schrad. Monogr.* 2, *p.* 7, *tab.*
1, *f.* 2. In Oriente spontè crescit.

Verbascum rigidulum *Delile, in Godr. fl. juv. ed.* 1, *p.* 34.
— Flores glomerati, glomerulis laxis, paucifloris, remotis, et in paniculâ ramosâ dispositis ; rami patenter
ascendentes, graciles et versùs apicem filatim attenuati,

rigidi ; pedicelli inæquales, tomentelli, graciles, calycem
æquantes vel superantes. Calyx parvus, demùm glabrescens viridisque, quinquepartitus, segmentis lanceolatis
acutis. Corollæ non magnæ, luteæ, fauce maculis quinque
parvulis purpureis pictâ. Stamina subæqualia, filamentis
albo-lanatis, antheris omnibus transversè insertis. Stylus
gracilescens, apice subincrassatus. Stigma in utrumque
latus decurrens. Capsulæ parvulæ, ovoïdeæ, obtusæ, tomentosæ. Folia tenuia molliaque, albo-virentia, tomentella præsertim in paginâ inferiore ; radicalia petiolata,
oblongo-lanceolata, sinuato-lobata et margine undulata ;
caulina media subsessilia, ovata, obtusiuscula ; superiora
parva, semi-amplexicaulia. Caules erecti vel ascendentes,
rigidi, graciles, pubescentes, à basi ferè ramosi, foliis
paucis muniti. — Patria ignota.

VERBASCUM GRACILIFLORUM *Delile, in Godr. fl. juv. ed.* 1,
p. 35. — Flores glomerati, glomerulis remotis, in paniculâ ramosâ dispositis ; rami erecto-patuli, elongati,
graciles, versùs apicem filatim attenuati, pubescentes ;
pedicelli subæquales, breviter tomentosi, calyce duplò
triplòve longiores ; bracteæ minimæ. Calyx parvulus,
quinquepartitus, segmentis lanceolatis, acutis, demùm
glabrescentibus. Corollæ non magnæ, luteæ. Stamina
subæqualia, filamentis albo-lanatis, antheris omnibus
transversè insertis. Stylus capillaris, apice subincrassatus. Stigma parvum, lunatum. Capsulæ minimæ, globosæ,
demùm glabrescentes. Folia tenuia, cinereo-virentia, tenuiter pubescentia vel inferiora subtùs tomentella ; radi-

calia petiolata, obovata vel oblonga, lyrata, lobo terminale
maximo, ovato, lobulato, lobulis crenatis, margine undulatis ; folia caulina sessilia, lanceolata, acuta, grossè
dentata vel serrata ; superiora minora, amplexicaulia.
Caulis erectus, tenuiter striatus, pubescens, ramosus. —
Patria ignota.

VERBASCUM PYRAMIDATUM *Bieb Fl. taur.-cauc.* 1, *p.* 161.
In Caucaso orientali et Iberiá indigenum.

VERBASCUM SPECIOSUM *Schrad. Hort. gœtt. fasc.* 2, *p.* 22,
tab. 16 (*V. longifolium D C.! Fl. fr. suppl., p.* 414). In
Hungariá et Austriá spontè crescit.

VERBASCUM DENTIFOLIUM *Delile, Ind. hort. Monsp.* 1836,
p. 28. — Flores glomerati, glomerulis paucifloris, remotis et in paniculá maximá ramosissimâque dispositis ;
rami elongati, erecti, cinereo-tomentosi ; pedicelli inæquales, tomentosi, calycem æquantes vel calyce breviores ; bracteæ parvæ, ovatæ, acuminatæ. Corollæ non magnæ, luteæ. Stamina inæqualia, filamentis lanâ pallidè
violaceâ vestitis, antheris omnibus transversè insertis.
Stylus gracilis. Stigma capitatum. Capsulæ ovoïdeæ,
obtusæ, tomentosæ. Folia tomento crasso cinereoque
densè obtecta ; radicalia maxima, oblonga, obtusa, si-
nuata et margine undulata, in petiolum decurrentia ; caulina inferiora lanceolato-oblonga, acuta, sinuato-dentata ;
superiora acuminata, semi-amplexicaulia. Caulis altitudinem humanam æmulans vel superans, erectus, ramosus,
ut tota planta tomento cinereo non detersibili vestitus.
— Patria ignota.

Celsia cretica *L. fil. Suppl.*, *p.* 281. In Cretâ, Africâ boreali, Sardiniâ, Siciliâ indigena.

SCROPHULARIACEÆ (*Lindl.*).

Linaria scariosa *Desf. Atl.* 2, *p.* 38, *tab.* 131. In regno tunetano indigena.

Linaria lanigera *Desf. Atl.* 2, *p.* 38, *tab.* 150. In Africâ boreali et Hispaniâ spontè crescit.

Linaria triphylla *Chav. Monogr.*, *p.* 117. Planta mediterranea, sed Occitaniæ aliena.

Linaria virgata *Desf. Atl.* 2, *p.* 41, *tab.* 135. Planta mauritanica.

Antirrhinum calycinum *Lam. Dict.* 4, *p.* 365. Planta mediterranea, Floræ gallicæ aliena.

LABIATÆ (*Juss.*).

Nepeta botryoïdes *Ait. Hort. Kew.* 2, *p.* 287. In Sibiriâ orientali indigena.

Nepeta nepetella *L. Sp.* 797. Agro monspeliensi aliena.

Nepeta nuda *L. Sp.* 797. Floræ monspeliensis civis advenus.

Marrubium Alysson *L. Sp.* 815. Planta mediterranea, sed Floræ gallicæ omninò aliena.

Marrubium candidissimum *L. Sp.* 816. In Hispaniâ, Italiâ, Carinthiâ, Rumeliâ et Persiâ spontè crescit.

Marrubium peregrinum *L. Sp.* 815. Planta Europâ orientali et Asiâ oriunda.

(101)

Marrubium radiatum *Delile in Benth. Lab. p.* 591. In
Asiâ minore et Caucaso indigenum.

Stachys lanata *Jacq. Ic. rar.* 1, *p.* 11, *tab.* 107. In Tauriâ, Caucaso, Bithyniâ spontè crescit.

Stachys italica *Mill. Dict. n°* 3. In Italiâ, Græciâ, Syriâ,
Thraciâ, Asiâque minore indigena.

Stachys intermedia *Ait. Hort. Kew.* 2, *p.* 201. Caucaso
et Asiâ minore oriunda.

Stachys hirta *L. Sp.* 813. Planta mediterranea, Occitaniæ
aliena.

VERBENACEÆ (*Juss.*).

Verbena supina *L. Sp.* 29. In Hispaniâ, Mauritaniâ,
Ægypto, Caucaso, etc. indigena.

PLANTAGINEÆ (*Juss.*).

Plantago virginica *L. Sp.* 164. Planta Americâ boreali
oriunda.

PLUMBAGINEÆ (*Juss.*).

Statice Thouini *Viv. Cat. h. di Negro, p.* 54. In Palæs-
tinâ, Arabiâ, Ægypto, Mauritaniâ, Hispaniâ spontè crescit.

Classis IV. — MONOCHLAMYDEÆ.

—

AMARANTHACEÆ (*R. B.*).

Amaranthus caudatus *L. Sp.* 1406. Planta peregrina ; Indiâ orientali oriunda videtur. Var. albiflora in Portu-Juvenali quoque lecta fuit.

Amaranthus paniculatus *L. Sp.* 1406. Planta peregrina, nunc ferè per totum orbem introducta.

Euxolus deflexus *Rafin. Fl. Tell. p.* 42, *var. rufescens Nob.* — A plantâ typicâ differt paniculâ rufescente. — Hanc varietatem ab amic. Kremer in Algeriâ lectam possideo.

Euxolus lineatus *Moq. in D C. Prodr.* 13 , *pars.* 2 , *p.* 276. Hucusquè tantùm in Novâ Hollandiâ et insulis Sandwicensibus repertus.

Euxolus muricatus *Moq. l. c.* In Americâ australi propè Buenos-Ayres indigenus.

Thelanthera ficoïdea *Moq. in D C. Prodr.* 13. *pars.* 2. *p.* 363. Ex Americâ australi migrata.

CHENOPODEÆ (*R. B.*).

Chenopodium hircinum *Schrad. Ind. sem. hort. gœtt.* 1833, *p.* 3. — Habitu et notis ad plantam brasiliensem accedunt specimina Portûs-Juvenalis , sed odore hircino omninò carent. An species distincta ?

Chenopodium ambrosioïdes *L. Sp.* 320. Planta verosimiliter Americâ oriunda, nunc in Asiâ, Africâ et quibusdam locis Europæ australis introducta.

Roubieva multifida *Moq. Chenop., p.* 42. Planta ex Americâ australi migrata.

Echinopsilon muricatus *Moq. in D C. Prodr.* 13, *pars.* 2, *p.* 134. In Mauritaniâ et Ægypto indigenus.

Blitum virgatum *L. Sp.* 7. Planta asiatica.

POLYGONEÆ (*Juss.*).

Emex spinosa *Necker in Spreng. Syst.* 2, p. 162. Planta mediterranea, sed Floræ gallicæ aliena.

Rumex chrysocarpos *Moris, Enum. sem. hort. Taur.* 1832, *p.* 27. Patria ignota.

Div. II. — MONOCOTYLEDONEÆ

POTAMEÆ (*Juss.*).

Aponogeton distachyon *Pers. Syn.* 1, p. 400. Planta capensis, in aquis Ledi facta indigena.

IRIDEÆ (*Juss.*).

Sisyrinchium excisum *Godr. fl. juv. ed.* 1, *p.* 39. — Flores pedunculati, 2-5 aggregati et è spathâ bivalvi erumpentes, exserti, pedunculis capillaribus, spathæ valvis parùm inæqualibus, margine angustè membranaceis et apice acuto subulatis. Perigonium cæruleo-violaceum, venosum, laciniis subæqualibus, extùs pubescenti-glandulosis, oblongis, apice latè excisis, utroque lobulo laterali obtusiusculo, nervo dorsali in setam segmento triplò breviorem producto. Ovarium inferum, subglobosum, pubescenti-glandulosum. Folia viridia, nervosa, tenuissimè densèque ciliolata, angustè linearia, versùs apicem subulatum attenuata; radicalia equitantia, disticha, versùs basim margine membranacea; caulina pauca (1 vel 2), basi vaginantia. Caules graciles, erecti, ancipites, ad angulos sub vitro ciliolati, ramosi, ramis filiformibus, elongatis, flexuosis, patulis, apice spatham floriferam gerentibus. Radix..... — Patria ignota.

LILIACEÆ (*D C.*).

ASPHODELUS FISTULOSUS *L. Sp.* 444. Planta agro monspeliensi aliena.

GRAMINEÆ (*Juss.*).

CORNUCOPIÆ CUCULLATUM *L. Sp.* 79. In Græcià et Oriente indigenum.

ALOPECURUS UTRICULATUS *Pers. Syn.* 1, *p.* 80. Planta Galliæ australi aliena.

ALOPECURUS VENTRICOSUS *Pers. l. c.* In Russià australiore indigenus.

PHLEUM TENUE *Schrad. Germ.* 1, *p.* 191. In Hispanià, Italià, Chersoneso tauricà, Oriente spontè crescit.

Phleum ambiguum *Ten. Fl. neapol.* 3, *p.* 64. In Siciliâ, Italiâ indigenum.

Phalaris canariensis *L. Sp.* 79. Insulis Fortunatis oriunda, nunc in Hispaniâ, Mauritaniâ, Italiâ, Corsicâ, Gallo-provinciâ, etc., facta indigena.

Phalaris quadrivalvis *Lag. Gen. et sp. p.* 3 (*P. brachystachys Link. in Schrad. Journ.* 1, *p.* 134). In Lusitaniâ, Hispaniâ, Siciliâ spontè crescit.

Phalaris cærulescens *Desf. Atl.* 1. *p.* 56. In Hispaniâ, Mauritaniâ, Italiâ, Gallo-provinciâ, etc., indigena.

Phalaris minor *Retz. Obs.* 3, *p.* 8. In Hispaniâ, Ægypto, Italiâ, etc., spontè crescit.

Phalaris truncata *Guss. Prodr. suppl.* 18. Planta sicula.

Phalaris nodosa *L. Mant.* 557. Occitaniæ aliena.

Phalaris paradoxa *L. Sp.* 1665. Planta mediterranea, in ditione Floræ monspeliensis tantùm advena.

Phalaris appendiculata. *Schult. Mant.* 2, *p.* 216. Reputatur ægyptiaca. — Hæc planta, nobis nota speciminibus anno 1851 à Touchyo in campestribus apricis Portûs-Juvenalis lectis, structurâ florum à *P. paradoxâ* adeò recedere videtur, ut tirones re herbariâ certè speciem legitimam agnoscerent. Non solùm spica angustior evadit et habitu longè diverso gaudet; sed etiam in spicularum glomerulis omnibus, à basi ad apicem racemi, flos centralis sessilis est et solus semen fertile parit inter glumas coriaceas (non membranaceas ut in *P. paradoxâ*). Flores laterales deformes, indurati capitatique, pedicellis ra-

mosis valdè incrassatis suffulti et involucrum corralloï-
deum simulantes. In *P. paradoxâ* racemi flores inferiores
effeti quidem, præmorsi, sed differunt glumis membranaceis non induratis et pedicellis gracilibus. Nihilominùs,
ut jam monuit Sprengelius, *P. appendiculata* nil est nisi
mera varietas, procul dubio insignis, speciei præcedentis.
Etenim inter specimina ægyptiaca et sicula *P. paradoxæ*,
ab amic. Husson et celeb. Parlatore benevolè missa, mihi
licuit observare in eâdem spicâ promiscuè spicularum
normalium glomerulos et spiculas deformes incrassatas
coralloïdeasque ut in *P. appendiculatâ*. Undè patet plantam juvenalem reputandam esse pro formâ monstrosâ
P. paradoxæ.

PANICUM CAPILLARE *L. Sp.* 86. Planta americana.

PANICUM ZONALE *Guss. Ind. sem. hort. bocc.* 1825. Planta
sicula et mauritanica.

SETARIA AMBIGUA *Guss. Prodr.* 1, *p.* 80. Planta sicula.

STIPA PARVIFLORA *Desf. Atl.* 1, *p.* 98, *tab.* 29. Planta
mauritanica.

STIPA SPICA-VENTI *Godr. fl. juv. ed.* 1, *p.* 41. — Flores
in racemo maximo, pedali vel sesquipedali, patulo, nutante, ramosissimo dispositi; rami tenuissimi, asperi,
multiflori, ad nodos breviter barbatos subverticillati.
Spiculæ parvæ, pedicellatæ, alternæ, unifloræ. Gluma
valvis parùm inæqualibus, glumellâ (aristâ exceptâ) duplò
longioribus, albidis, membranaceis, carinatis, uninerviis,
glabris, lineari-acuminatis, breviter aristulatis. Glumellæ
valva externa fusiformis, basi pilis albis adpressis bar-

(107)

bata, apice exasperata et coronulâ longiusculâ levi obliquè truncatà dentatâ ciliatâque donata ; arista sesquipollicem longa, aspera, versùs basim tortilis, geniculata
flexuosaque. Folia viridia, glabra, plana, elongata, erecto-patula, longè acuminato-subulata, ad margines scabra ;
vagina levis, albo-marginata, ultima basim racemi involvens ; ligula brevis, truncata, lacera. Culmi cæspitosi,
rigidi, altitudinem humanam æquantes vel superantes,
ad nodos glabri. Radix perennis. — Patria ignota.

STIPA INTRICATA *Godr. fl. juv. ed.* 1, *p.* 41. — Flores in
racemo laxo, nutante, intricato, ramoso dispositi ; rami
ad nodos gemini, tenues, angulosi, scabri, 3-5 spiculas
pedicellatas alternas uniflorasque gerentes. Glumæ valvis
subæqualibus, glumellâ duplò longioribus, membranaceis,
trinerviis, fuscatis sed albo-marginatis, carinatis, lineari-
lanceolatis, acuminatis, breviter aristatis. Glumellæ valva
externa nervis quinque remotis percursa, ad basim subulatam pilis albis adpressis barbata, supernè exasperata,
sub apice contracta et coronulâ cupuliformi breviterque
ciliatâ munita ; arista duos et ultrà pollices longa, infernè
spiraliter torta et pubescens, suprà medium geniculata
et alias aristas ejusdem ramuli spiris involvens. Folia
viridia, linearia, acuminato-subulata, canaliculata, ciliolata, subtùs scabra ; vagina levis ; ligula brevis, rotundata. Culmi cæspitosi, erecti, rigidi, supernè longè nudi,
nodis pubescentes, 2-3 pedes longi. Radix perennis. —
Patria ignota.

STIPA FORMICARUM *Delile, Ind. sem. hort. Monsp.* 1849,

p. 7. — Flores in racemo erecto, subcontracto, intricato, ramoso dispositi ; rami ad nodos subverticillati, inæquales, erecti, filiformes, scabriusculi, 3-5 spiculas breviter pedicellatas alternas uniflorasque gerentes. Gluma valvis inæqualibus, glumellâ longioribus, membranaceis, uninerviis, albidis, carinatis, lineari-lanceolatis, acuminatosubulatis. Glumellæ valva externa nervis quinque remotis percursa, ad basim subulatam pilis albis adpressis barbata, supernè exasperata, coronulâ longiusculâ obliquè truncatâ adpressâ ciliatâque donata ; arista pollicem longa, infernè tortilis et pubescens, geniculata. Folia glaucescentia, levia, convoluto-setacea, erecta, glabra ; vagina levis, striata, ultima ampliata basim racemi involvens ; ligula brevissima, truncata. Culmi bipedales et ultrà, cæspitosi, nodis glabri. Radix perennis. — Patria ignota.

Stipa brachychiæta *Godr. fl. juv. ed.* 1, *p.* 42. — Flores in racemo elongato, erecto, laxo, ramosissimo dispositi ; rami ad nodos subverticillati, valdè inæquales, tenuissimi, scabriusculi, subpatuli, spiculas 6-8 breviter pedicellatas alternas et unifloras gerentes. Gluma valvis subæqualibus et glumellâ longioribus, membranaceis, basi trinerviis, fuscis sed albo-marginatis, glabris et ad nervum dorsalem scabridis, lanceolatis, acuminatis, breviter aristatis. Glumellæ valva externa viridis, nervis tribus remotis percursa, basi et apice attenuata, pilis albis mollibus vestita, coronulâ brevi ciliatâ donata ; arista semipollicem longa, ad basim tortilis, geniculata.

Folia glaucescentia, elongata, canaliculata vel superiora
convoluto-subulata, glabra, versùs apicem scabra, rigida,
erecta; vagina levis, ultima racemo approximata; ligula
densè barbata. Culmi cæspitosi, erecti, rigidi, nodis glabri, bi-tripedales. Radix perennis. — Habitu proximè
accedit *S. splendens Trin.*, sed abundè differt racemo
minus laxo; spiculis minoribus; glumæ valvis inæqualibus, acutis, non aristatis; glumellæ valvâ inferiore
minus villosâ, apice bifidâ; aristâ breviore, haud tortâ;
ligulâ membranaceâ, elongatâ, lacerâ, sed eximiè glabrâ.
— Patria ignota.

STIPA PAPPOSA *Delile, Ind. sem. hort. Monsp.* 1849, *p.* 7.
— Flores in racemo delicatulo, erecto, laxiusculo, ramoso dispositi; rami ad nodos subverticillati, capillares,
erecti, inæquales, glumellas 4-10 pedicellatas alternasque
gerentes. Gluma valvis inæqualibus, glumellâ paulò brevioribus, membranaceis, univerviis, albidis, linearibus,
acuminato-subulatis, glabris. Glumellæ valva externa
fulva, sub vitro tenuissimè puberula, elongata, angustè
fusiformis, basi pilis brevibus albis adpressè barbata,
versùs apicem pilis albis mollibus patulis papposa, coronulâ destituta; arista valvæ continua, pollicaris, basi
subtortilis, infrà medium geniculata, scabrida. Folia
convoluto-setacea, erecta, levia, rigidula; vagina levis,
apice truncato auriculata, ultima racemo approximata;
ligula brevissima, ciliata. Culmi cæspitosi, graciles, ri-
giduli, nodis glabri, bipedales. Radix perennis. — Patria
ignota.

STIPA FILICULMIS *Delile, l. c.* — Flores in racemo erecto, rigidulo, ramoso dispositi ; rami inæquales, non longi, erecti, scabri, ad nodos geminati, spiculas duas vel spiculam unicam terminalem gerentes. Gluma valvis inæqualibus, glumellâ duplò longioribus, nervis tribus scabriusculis viridibus percursis, cæterùm albidis, membranaceis, linearibus, longè acuminatis, aristatis. Glumellæ valva externa dilutè lutea, tenuissimè scabriuscula, subcylindrica, ad basim pilis albis barbatam attenuata, coronulâ brevissimâ ciliolatâque donata; arista duos pollices et ultrà longa, scabra, basi tortilis, versùs medium geniculata. Folia longa , erecta , glaucescentia , supernè scabrida, convoluto-setacea, rigidula ; vagina levis, ultima racemo longè remota; ligula glabra, sat longa, membranacea, lanceolata, obtusiuscula. Culmi densè cæspitosi, erecti, rigidi, graciles, ad nodos glabri, supernè scabridi, longè nudi et filum simulantes. Radix perennis. — Patria ignota.

STIPA GIGANTEA *Lag. Gen. et sp. p.* 3. In Hispaniâ et Mauritaniâ spontè crescit.

STIPA TENELLA *Godr. fl. juv. ed.* 1, *p.* 44. — Flores minimi, in racemo delicatulo, laxissimo, ramoso dispositi; rami ad nodos geminati, capillares, scabriusculi, patentes, spiculas 3-6 tenellas gerentes. Gluma valvis subæqualibus, glumellâ triplò quadruplòve longioribus, violaceis, trinerviis, ad nervos scabridis, lanceolatis, acuminatis in aristam valvæ subæqualem. Glumellæ valva externa obovata, subtruncata, basi pilis albis barbata, apice exas-

perata, coronulâ ferè inconspicuâ donata; arista decem
lineas longa, scabriuscula, vix tortilis, geniculata. Folia
glabra, convoluto-capillacea; ligula membranacea, oblonga. Culmi filiformes, erecti. Radix perennis. — Patria
ignota.

SPOROBOLUS TENACISSIMUS *P. Beauv. Agrost* 26. In Americâ mediâ et australi spontè crescit.

AGROSTIS INTERRUPTA *L. Sp.* 92. Planta gallica, sed agro
monspeliensi aliena.

AGROSTIS VALENTINA *Rœm. et Schult. Syst.* 2, *p.* 548.
Planta hispanica.

CYNODON DACTYLON *Pers. var. macrotaschya Nob.* — Spicis
duplò ac in typo longioribus, bipollicaribus.

ELEUSINE OLIGOSTACHYA *Link. Hort.* 1, *p.* 60. Planta brasiliensis.

TRISETUM OVATUM *Pers. Syn.* 1, *p.* 98. Planta hispanica.

TRISETUM TENUE *Rœm. et Schult. Syst.* 2, *p.* 657. Planta
agro monspeliensi aliena.

TRISETUM NEGLECTUM *Rœm. et Schult. Syst.* 2, *p.* 660. In
Hispaniâ, Lusitaniâ, Mauritaniâ indigena.

SESLERIA ECHINATA *Lam. Illustr.* N° 1097, *tab.* 47, *f.* 2.
(*Dactylis pungens Schreb. Gram.* 2, *p.* 42, *tab.* 27, *f.* 1).
Planta mauritanica.

SCHISMUS MARGINATUS *Beauv. Agrost.* 74, *tab.* 15, *f.* 4.
Planta Occitaniæ aliena.

CYNOSURUS ELEGANS *Desf. Atl.* 1, *p.* 82, *tab.* 17. Planta
mediterranea, sed Floræ gallicæ aliena.

CYNOSURUS LIMA *Lœffl. It. p.* 41. Planta hispanica et mauritanica.

Lamarckia aurea *Mœnch. Meth.* 201. Planta mediterranea, propè Monspelium advena.

Festuca cynosuroïdes *Desf. Atl.* 1, p. 88, tab. 21. Planta mauritanica.

Festuca pectinella *Delile, Fl. ægypt. suppl. mssc. tab.* 65, f. 2, et *Ind. hort. Monsp.* 1836, p. 24 (*F. cynosuroïdes Delile, Illustr., Fl. ægypt. N°* 107, *non Desf.*). Planta ægyptiaca.

Festuca geniculata *Willd. Enum.* 118. In Hispaniâ, Africâ boreali, Italiâ spontè crescit.

Festuca ligustica *Bertol. in Opusc. scient. di Bol.* 1, p. 64. In Italiâ et Gallo-provinciâ indigena. — Certè ab antecedente distincta.

Festuca incrassata *Salzm. in Lois. Fl. gall.* 1, p. 85. Planta corsica et mauritanica.

Festuca tenuis *Nob.* (*Bromus tenuis Tin. pag.* 5). Planta italica.

Festuca Alopecuros *Schousb. Marocc.* 1, p. 281. In Hispaniâ, Lusitaniâ, Italiâ occidentali et Africâ boreali spontè crescit.

Festuca Alopecuros γ *sylvatica Boiss. Voy. Esp.* 2, p. 670. Hæc varietas in Hispaniâ indigena.

Festuca arundinacea *Schreb.* β *glaucescens Boiss. Voy. Esp.* 2, p. 675. Hæc varietas in Hispaniâ et Mauritaniâ spontè crescit.

Sclerochloa articulata *Link. Enum.* 1, p. 90. Planta mauritanica.

Ceratochloa unioloïdes *D C. Hort. Monsp.* p. 92. Planta americana.

Ceratochloa pendula *Schrad. in Linnæa,* 6, *p.* 72. In Carolinâ spontè crescit.

Bromus confertus *Bieb. Fl. taur.-cauc.* 1, *p.* 71. In Hispaniâ, Gallo-provinciâ, Sardiniâ, Istriâ, Græciâ et Caucaso spontè crescit.

Bromus intermedius *Guss. Prodr.* 1, *p.* 114. In Italiâ, Sardiniâ, Siciliâ et Africâ boreali indigenus.

Triticum monococcum *L. Sp.* 127. In Tauriâ et Caucaso indigenum.

Triticum bicorne *Forsk. Fl. ægypt.* 26. Planta ægyptiaca.

Triticum (Agropyrum) emarginatum *Godr. fl. juv. ed.* 1, *p.* 46. — Spica erecta, gracilis, primùm subulata, dein spiculis apertis subdisticha, glabra, rachide levi. Spiculæ adpressæ, lanceolatæ, internodis æquales vel breviores, tri-quadrifloræ. Gluma valvis æqualibus, glumellâ paulò brevioribus, coriaceis, inæquilateris, oblongis, apice obliquè emarginatis cum mucronulo emarginaturam inæqualiter in duas partes dividente, 5-7 nerviis; nervi leves, validi. Glumellæ valva inferior lanceolata, levis, mutica, apice et marginibus angustè scariosis; valva superior inferiorem æquans, ad angulos scabriuscula. Folia viridia, plana, linearia; inferiora villosula, superiora limbo abbreviato; vagina elongata, ligula brevissima. Culmi stricti, erecti, glabri levesque. Radix annua, fibrosa. — Patria ignota.

Triticum prostratum *L. fil. Suppl.* 114. In Oriente, Caucaso, Sibiriâ indigenum.

Triticum orientale *Bieb. Fl. Taur.-cauc.* 1, *p.* 86. In Oriente, Græciâ, Tauriâ spontè crescit.   8

TRITICUM SQUARROSUM *Roth, Beitr.* 1, *p.* 128. Planta ægyptiaca.

ELYMUS CAPUT-MEDUSÆ *L. Sp.* 123 (*E. crinitus Schreb.*). Planta hispanica, lusitanica et germanica.

HORDEUM BULBOSUM *L. Sp.* 125. In Italiâ, Oriente, Africâ boreali spontè crescit.

HORDEUM FRAGILE *Godr. fl. juv. ed.* 1, *p.* 47. — Spica lineari-oblonga, compressa, eximiè fragilis, sesquipollicem longa, rachide ad angulos breviter ciliatâ. Spiculæ sexfariàm positæ; quatuor laterales effetæ, steriles, pedicellatæ, graciles; medii fertiles, hermaphroditæ, crassiores sessilesque. Gluma valvis glumellam æquantibus, obsoletè uninerviis, externè asperrimis, pubescentiâ rigidâ hispidis; spicularum fertilium linearibus, utrinquè attenuatis, in aristam tenuem et limbo subæqualem acuminatis. Glumellæ valva inferior glabra, lanceolata, obsoletè trinervia, in aristam limbo æqualem acuminata; valva superior breviter bicuspidata. Folia glaucescentia, rigidula, angustè linearia, tenuissimè pubescentia; vagina ultima ampliata et basim spicæ fodiens; ligula brevis, rotundata. Culmi ascendentes, geniculati, leves, nodis nigris glabrisque. Radix fibrosa, annua. — Patria ignota.

HORDEUM STENOSTACHYS *Godr. fl. juv. ed.* 1, *p.* 47. — Spica elongata, stricta, sæpè tripollicaris, angusta, compressa, rachide ad angulos villosâ et sub insertione spicularum duobus punctis viridibus maculatâ. Spiculæ sexfariàm positæ; quatuor laterales steriles, pedicellatæ, graciles; mediæ crassiores, hermaphroditæ, fertiles sessilesque. Gluma valvis glumellâ brevioribus, enerviis, pubescentiâ brevi rigidâque cxasperatis ; spicularum fertilium æqualibus, linearibus, basi paululùm attenuatis, in aristam brevem acuminatis. Glumellæ valva inferior pubescens, lineari-lanceolata, in aristam brevem acuminata, subtrinervia ; valva superior apice breviter bicuspidata. Folia viridia, erecta, rigidula, glabra, levia, angusta, canaliculata ; vagina ultima à spicâ remota ; ligula brevis, truncata, lacera. Culmi erecti, rigidi, graciles et versùs apicem filiformes, leves, nodis glabris nigrisque. Radix perennis, fibrosa. — Patria ignota.

Ægilops ventricosa *Tausch, In Flora*, 1857. Planta hispanica.

Ægilops cylindrica *Host, Gram. austr.* 2, *p.* 5. Planta pannonica.

Ægilops agropyroïdes *Godr. fl. juv. ed.* 1, *p.* 48.— Spica gracilis, laxa, subdisticha, rachide flexuosâ asperrimâ. Spiculæ tri-quinquefloræ, sessiles, oblongæ, adpressæ, internodis æquales, villosæ scabræque. Gluma valvis glumellâ duplò brevioribus, coriaceis, oblongis, apice truncatis, dorso convexis, sæpè mucronulatis, ad margines angustè scariosis, 7-9-nerviis ; nervi validi hispidique. Glumellæ valva inferior lineari-oblonga, breviter hirsuta, apice rotundata vel emarginata, 5-7-nervia, mucronulo brevi crasso et lateraliter compresso donata et in floribus duobus vel tribus versùs apicem racemi insertis, aristâ pollicem vel sesquipollicem longâ munita, undè spica bicaudata videtur ; valva superior paulò brevior, ad angulos breviter ciliata. Folia plana, villosula, linearia, acuta ; vagina glabra ; ligula brevissima, truncata, lacera. Culmi erecti vel ascendentes, glabri, apice longè nudi et graciles. Radix fibrosa, annua? — Planta certè Syriâ oriunda, undè specimina absque nomine recepit Delilius, ut ex herbario constat.

Ægilops Tauschii *Coss. not. crit.* **2**, *p.* 69 (*Triticum obtusatum Godr. fl. juv. ed.* 1, *p.* 46). E Caucaso.

Ægilops Echinus *Godr. fl. juv. ed.* 1, *p.* 48. — Spica brevissima, spiculis tribus arctè aggregatis constans, spiculâ inferiore sæpiùs sterili, rachide villosâ et articulis apice valdè incrassatis. Spiculæ ovoïdeæ, ventricosæ, internodio longiores, bi-trifloræ, villosæ. Gluma valvis glumellâ subæqualibus, coriaceis, ovalibus, concavis, 7-9-nerviis et apice triaristatis ; aristæ valvâ breviores, scabræ, crassæ, divaricatæ. Glumellæ valva inferior oblonga, versùs apicem pubescens, aristis duabus brevibus divaricatis munita ; valva superior bidentata. Folia villosa, linearia, acuta, ad margines scabra ; vagina glabra ; ligula brevissima. Culmi patuli, glabri, tripollicares. Radix annua, fibrosa. — Patria ignota.

Andropogon laguroïdes *D C. Hort. Monsp.* 78. Planta mexicana et brasiliensis.

FINIS.